わかりやす

薬学系の物理学入門

小林 賢・金長正彦・上田晴久［編］

安西和紀・五十鈴川和人・鈴木幸男・
八木健一郎［著］

講談社

編集

上田　　晴久　元　日本薬科大学教授、星薬科大学名誉教授
金長　　正彦　防衛医科大学校講師
小林　　　賢　日本薬科大学特任教授

執筆者

安西　　和紀　元　日本薬科大学教授　　　（演習問題・解説）
五十鈴川和人　横浜薬科大学教授　　　　　（1）
金長　　正彦　防衛医科大学校講師　　　　（7）
小林　　　賢　日本薬科大学特任教授　　　（8）
鈴木　　幸男　元　日本薬科大学講師　　　（5、6、9）
八木　健一郎　横浜薬科大学教授　　　　　（2、3、4）

（五十音順、かっこ内は担当章）

はじめに

　薬学部を目指してくる大学生の多くが高等学校において「物理基礎」と「物理」を履修してこないまま入学に至っています。しかし、薬学教育において「物理学」は化学系の教科を学ぶうえでとても大切な科目です。また、大学入試のための物理を学んできた学生であっても、暗記に頼った学習であったことから、理論的に説明できない学生が多々見受けられます。そのため、薬学教育において大切な考える力が伸びない学生が多いようです。

　本書は、薬学部で初めて物理学を学ぶ学生であっても、基礎的な力を身につけ、そして、なぜそのようになるのかを理論的に考え、説明できるようにわかりやすく丁寧に説明しています。

　本書では解説を色分けして、最低限必要な内容がわかりやすく示されています。たとえば、計算式では、式のどの記号にどの数値が代入されるのかがわかりやすく色分けされています。また、計算式は、途中の過程を省かずに示してあります。そのため、式の展開が理解しやすくなっています。そして、随所に例題を取り入れ、大切な式の計算が理解しやすくなるように工夫されています。

　大学1年生で学習する物理学の内容が薬剤師国家試験の問題にも出題されています。また、4年次に実施される共用試験のCBT (computer based testing) にも出題されています。1年生で習う物理学は、薬剤師国家試験やCBTを乗り切るために、とても重要な内容を含んでいることを理解していただきたいと思います。そのために、本書は「薬学準備教育ガイドライン（例示）」に準拠した内容になっています。

　日常の教育と研究でお忙しいところ、本書の出版理念に賛同いただき、執筆してくださいました先生方に厚く御礼を申し上げます。本書の編集について多面にわたりアドバイスをしていただきました防衛医科大学校物理学研究室の牧嶋章泰教授に拝謝いたします。そして、本書の企画・編集にご尽力いただいた講談社サイエンティフィクの小笠原弘高氏に深謝いたします。

2015年9月吉日

編者一同

わかりやすい薬学系の物理学入門　目次

はじめに..iii

第1章 物理学の基本概念 1

- 1.1 物理量と単位 1
- 1.2 基本単位と組立単位 2
  - 1.2.1 量の次元 4
  - 1.2.2 物理量の記号の一般的規則 4
- 1.3 接頭語と指数表示 5
- 1.4 単位記号の一般的規則 6
- 1.5 物理量の四則演算 7
- 1.6 単位換算 9
- 1.7 誤差と有効数字 9
- 1.8 ベクトルとスカラー 11

第2章 運動の法則 15

- 2.1 力学 15
  - 2.1.1 重力 15
  - 2.1.2 ばねの力 17
  - 2.1.3 束縛力 19
  - 2.1.4 力のモーメント 22
  - 2.1.5 圧力 23
  - 2.1.6 液体にはたらく圧力 25
- 2.2 運動学 29
  - 2.2.1 慣性の法則 29
  - 2.2.2 遠心力 30
  - 2.2.3 運動の法則 31
  - 2.2.4 作用・反作用の法則 34

第3章 エネルギー ... 37

- 3.1 仕事 ... 37
- 3.2 仕事率 ... 40
- 3.3 位置エネルギー ... 41
- 3.4 運動エネルギー ... 44
  - 3.4.1 直線運動の運動エネルギー ... 44
  - 3.4.2 回転運動の運動エネルギー ... 46
- 3.5 力学的エネルギー保存の法則 ... 47
- 3.6 衝突と運動量、エネルギー ... 50

第4章 熱力学 ... 54

- 4.1 熱と熱量 ... 54
- 4.2 熱と物質の状態 ... 56
  - 4.2.1 物質の三態 ... 56
  - 4.2.2 潜熱と顕熱 ... 57
  - 4.2.3 熱膨張 ... 58
- 4.3 理想気体の状態方程式 ... 59
- 4.4 熱力学第一法則 ... 61
  - 4.4.1 内部エネルギー ... 61
  - 4.4.2 定容変化 ... 61
  - 4.4.3 断熱変化 ... 62
  - 4.4.4 等温変化 ... 64
  - 4.4.5 定圧変化 ... 65
- 4.5 熱力学第二法則 ... 67

第5章 波動 ... 69

- 5.1 波の性質 ... 69
- 5.2 正弦波 ... 72
- 5.3 波の回折、反射、屈折 ... 73
  - 5.3.1 ホイヘンスの原理 ... 73
  - 5.3.2 波の反射 ... 74

		5.3.3	波の屈折	74
		5.3.4	波の回折	76
		5.3.5	波のエネルギー	76
5.4	重ね合わせの原理と干渉			76
		5.4.1	波の重ね合わせの原理	76
		5.4.2	波の干渉条件	77
		5.4.3	定常波	78
		5.4.4	定常波の固有振動数	79
5.5	音波			81
		5.5.1	音波と音の速さ	81
		5.5.2	音の3要素	81
		5.5.3	可聴音と超音波	81
		5.5.4	音の伝わりかた	81
		5.5.5	音の共振と共鳴	84
		5.5.6	ドップラー効果	85

第6章 光　　87

6.1	光波とは	87
6.2	偏光	88
6.3	光の種類	88
6.4	光の反射と屈折	89
	6.4.1 光の反射	89
	6.4.2 光の屈折	89
6.5	光の干渉と回折	91
	6.5.1 光の干渉	91
	6.5.2 光の回折	93
6.6	光の分散とスペクトル	95
6.7	光の吸収	96
6.8	レーザー光	97
	6.8.1 レーザー光とは	97
	6.8.2 レーザー光の原理	97
	6.8.3 レーザー光の応用	98

第7章 電場と磁場 99

- 7.1 電荷 99
  - 7.1.1 電荷と電荷の保存則 99
  - 7.1.2 静電気力と静電誘導 100
  - 7.1.3 電気素量 100
  - 7.1.4 導体と絶縁体 102
  - 7.1.5 クーロンの法則 103
- 7.2 電場 106
  - 7.2.1 電場と電場の大きさ 106
  - 7.2.2 電位 110
- 7.3 磁場 112
  - 7.3.1 磁石による磁場 112
  - 7.3.2 磁束と磁束線 112
  - 7.3.3 ローレンツ力 112
  - 7.3.4 電流がつくる磁場 114
  - 7.3.5 磁場内の電流にはたらく力 117
  - 7.3.6 電場と磁場中の荷電粒子の運動 118
- 7.4 電磁誘導 120
  - 7.4.1 電磁誘導とレンツの法則 120
  - 7.4.2 自己誘導と相互誘導 121
  - 7.4.3 交流起電力と変圧器 121
- 7.5 電磁波 122

第8章 電気回路 124

- 8.1 電気容量とコンデンサー 124
  - 8.1.1 コンデンサー 124
  - 8.1.2 電気容量 126
  - 8.1.3 コンデンサーの接続 128
  - 8.1.4 コンデンサーの静電エネルギー 131
- 8.2 オームの法則と電気抵抗 131
  - 8.2.1 抵抗の合成 132
  - 8.2.2 電流計と電圧計 134

		8.2.3 電流がする仕事	134
		8.2.4 電力と電力量	135
	8.3	直流回路とキルヒホッフの法則	135
	8.4	交流回路	137
		8.4.1 抵抗に流れる電流	137
		8.4.2 コイルに流れる電流	137
		8.4.3 コンデンサーに流れる電流	138
		8.4.4 抵抗とコンデンサーに流れる電流	139
		8.4.5 共振回路	139

第9章 量子化学入門　140

9.1	粒子性と波動性	140
	9.1.1 光の粒子性	140
	9.1.2 電子の波動性	145
9.2	原子の構造とエネルギー準位	146
	9.2.1 原子の構造	146
	9.2.2 水素原子の発する光の規則性	147
	9.2.3 ボーアの理論	148
9.3	不確定性原理、波動方程式と原子軌道	151
	9.3.1 不確定性原理	151
	9.3.2 波動方程式	152
9.4	原子核崩壊と放射線	153
	9.4.1 原子の構成	153
	9.4.2 原子質量単位（質量の単位の1つ）	153
	9.4.3 放射線	153
	9.4.4 原子核の崩壊	154
	9.4.5 崩壊の法則	154

演習問題 　157
演習問題の正答と解説 　159

付表 　162
索引 　164

第1章
物理学の基本概念

　物質や自然や宇宙がどのようにして成り立っているか、それらにはどのような法則が働いているのか、それによってどんな現象が起きるか、というような疑問を探求する学問が**物理学**です。

　これを読んだだけでは、物理学が私たちの日常生活とはかなり縁遠いという感じがします。しかし、実際には、物理学の成果は私たちの日常生活のいろいろなシーンで使われています。たとえば、エレクトロニクス、医療機器、自動車など、あげていくときりがありません。また、物理学は、化学や生物学などの関連する自然科学の進歩を促し、私たちの日常生活をとても豊かなものにしてくれています。

　これから学ぶ物理学には、力学、熱力学、電磁気学、光学、量子力学などが含まれています。

1.1　物理量と単位

　物理学を学ぶためには、物理量という概念を理解する必要があります。質量、時間、長さなどのように、測定器で測定できる量や、測定器で測定できる量とπなどの数学的定数などを用いて明確に算出できる量を**物理量**といいます。

　生理的反応の評価に使われる量などは、物理的実体が伴っていないということから、一般的に物理量とみなされません。

　物理学では、質量や電荷といわれる大きさのみをもつ物理量は**スカラー**で、速度や力といった大きさと向きをもつ物理量は**ベクトル**で表します。このように、物理量は一般的にスカラー量、ベクトル量またはテンソルで表されます。

　簡単に例をあげてみると、スカラーで表される身長や体重は、その大きさのみが比較されます。一方、ベクトルで表されるやり投げ選手が投げたやりの運動（図1-1）やゴルフクラブによって打ち出されたゴルフボールの運動は、速さ（大きさ）だけではなく、飛ぶ方向（向き）も比

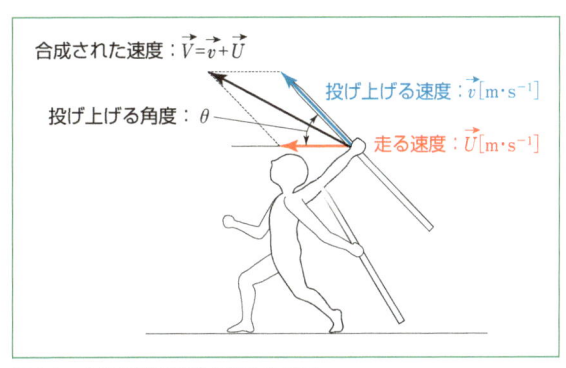

図1-1　やり投げの運動に関わる要素

較するうえで重要な要素となります。スカラーやベクトルを計算する場合、扱い方が異なるので注意が必要です。

用いている物理量がスカラーなのかベクトルなのかを区別できるようになることが重要です。ベクトルとスカラーについての具体的な計算方法は 1.8 で扱います。

1.2 基本単位と組立単位

スカラーである物理量やベクトルである物理量の大きさを具体的に測定量で表す場合には、常に「数値」×「単位」という形で表します。たとえば、物体の長さという物理量を考えてみます。物体の長さを 20 cm と表す場合、「数値 20」×「単位 cm」という形式を取ります。物理量を具体的に表す場合、必ず測定という操作が行われます。測定という操作は、基準となる「単位」の何倍になるかを調べる操作です。たとえば、長さが 20 cm という場合、単位である 1 cm という長さと比較して、その 20 倍であるということを表しています。つまり、数値は倍率を表します。

物理学に登場する単位には、さまざまなものが存在するため、すべての物理量に対して単位を個別に定めてしまうと不便です。そこで、質量、長さ、時間などを単位の基本（これを基本単位といいます）とし、ほかの物理量は基本単位を組み合わせて得られる組立単位で表します。

かつては、基本単位として何を選ぶかによって、さまざまな単位系（単位の組み合わせ）が用いられていました。時間の単位を考えてみても、秒、分、時間があります。しかし、それでは不便なので、新たに体系化された国際単位系（SI 単位系）が国際標準化機構によって定められました。日本においても計量法や日本工業規格などに広く採用されています。

物理量を表すのに用いる SI 単位系は、7 種類の基本単位（長さ：メートル m、質量：キログラム kg、時間：秒 s、電流：アンペア A、温度：ケルビン K、物質量：モル mol、光度：カンデラ cd）と、基本単位の組み合わせによって得られる組立単位から構成されています。重要な組立単位には、固有の名称とその独自の記号で表される単位が定められています（全 22 種類）（巻末の付表 1、付表 2）。

組立単位は、基本単位の組み合わせで定義されます。たとえば、面積の組立単位は、一辺の長さが 1 m である正方形の占める領域の大きさで 1 m^2 と定義され、ベクトル量である速度の大きさ（速さ）の組立単位は、1 秒間に移動する距離が 1 m である量で、それを 1 m·s^{-1}（1 メートル毎秒）と定義します。力の大きさ（強さ）の組立単位は、1 kg の質量の物体に大きさが 1 m·s^{-2} である加速度を生じさせる量 1 N（ニュートン：固有記号）と定義され、仕事やエネルギーの組立単位は、1 N の大きさの力で力の向きに距離 1 m 移動する量 1 J（ジュール：固有記号）と定義されます。

国際標準化機構によるこれら組立単位の定義にしたがうと、横の長さが x で縦の長さが y である長方形の面積 S を、

$$S = x \cdot y$$

として求めることは正しくありません。

その理由は、左辺の単位が面積の組立単位 1 m² になるのに対して、右辺の単位は長さの基本単位である 1 m の積となるからです。基本単位の積をとっても、面積の組立単位にはなりません。長方形の面積 S は、組立単位 1 m² である正方形の面積の何倍の量であるかを表すので、長方形内で横に組立単位 1 m² の正方形が並ぶ数（横の倍率）と縦に組立単位 1 m² の正方形が並ぶ数（縦の倍率）を用いて、

$$S ＝（横の倍率）\times（縦の倍率）\times（面積の組立単位 1 \text{ m}^2）$$

と計算しなければなりません。この関係式で現れる（横の倍率）や（縦の倍率）は、単位をもたない数値です。同様に $S/$（面積の組立単位 1 m²）も（面積の倍率）となり、数値です。したがって、この関係式は、

$$（面積の倍率）＝（横の倍率）\times（縦の倍率）$$

という数値の関係式に変形することができます。横の長さが $x = 2$ m で、縦の長さが $y = 3$ m である長方形の面積が $S = 6$ m² である場合、（横の倍率）は $x/(1 \text{ m})$ なので、これを $x/\text{m} = 2$ と表し、（縦の倍率）は $y/\text{m} = 3$、（面積の倍率）は $S/\text{m}^2 = 6$ と表されます。したがって、これらの数値の関係式は、

$$S/\text{m}^2 = 6 = 2 \times 3 = (x/\text{m}) \cdot (y/\text{m})$$

と表されます。組立単位で表される物理量を基本単位で表される物理量から求める場合、この倍率という数値で表された関係式のように、すべて倍率にしてから計算するのが正しい方法です。

同じようにして、時間 Δt（デルタ）で距離 Δx 移動した場合の速さ v は、$\Delta t/\text{s}$ が時間の基本単位 1 s に対する倍率を、$\Delta x/\text{m}$ が距離の基本単位 1 m に対する倍率を、$v/(\text{m}\cdot\text{s}^{-1})$ が速さの組立単位 1 m·s^{-1} に対する倍率を表すので、時間 1 秒で距離 $v/(\text{m}\cdot\text{s}^{-1})$ メートル移動したのと時間 $\Delta t/\text{s}$ 秒で距離 $\Delta x/\text{m}$ メートル移動したことが同じになります。すなわち、

$$（時間の倍率）:（距離の倍率）= 1 : v/(\text{m}\cdot\text{s}^{-1}) = \Delta t/\text{s} : \Delta x/\text{m}$$

という関係が成立し、この関係から、

$$（速さの倍率）= v/(\text{m}\cdot\text{s}^{-1}) = \frac{\Delta x/\text{m}}{\Delta t/\text{s}} = \frac{（距離の倍率）}{（時間の倍率）}$$

という関係式が得られます。

ここに示されたように、国際標準化機構の規則に厳密にしたがった場合、物理学で用いられる物理量の関係式は、各々の物理量の単位に対する倍率の関係を表すと考えるのが正しい考え方です。

しかしながら、このような表記は一般にはまだ普及しておらず、薬剤師国家試験でもまだまだ用いられていないのが現状です。そこで本書では中等教育で用いられている従来の表記で物理量の関係式を表すことにします。

たとえば、速さは、距離［m］を時間［s］で割ったもの（「異なる単位の物理量を割る」という操作に違和感を覚える人は、上記のように倍率である数値の除算と考えれば違和感は解消されるのではないでしょうか）として扱い、その単位はメートル毎秒［m·s^{-1}］で表します。すなわち、

$$速さ［m·s^{-1}］＝距離［m］÷時間［s］$$

と表記します。

1.2.1 量の次元

物理量は**次元（ディメンション）**を使って体系化されています。SI 単位系で使用される 7 つの基本量は、それぞれそれ自身の次元をもっているとみなされます。次元は、ローマン体（立体）の大文字一字の記号によって表記します（表 1-1）。

直線は一次元、平面は二次元、空間は三次元ですから、これらをそれぞれ L、L^2、L^3 と表すことができます。

力学に出てくるすべての物理量の単位は、長さ m、質量 kg、時間 s の 3 つを用いて表現できます。たとえば、物理量 A の単位が m$^\alpha$ kg$^\beta$ s$^\gamma$ だとすると、L$^\alpha$M$^\beta$T$^\gamma$ と表され、これを物理量 A の次元といいます。L は length（長さ）、M は mass（質量）、T は time（時間）の頭文字です。速さの次元は LT^{-1}、力の次元は LMT^{-2}、エネルギーの次元は L^{2}MT^{-2} と記述されます。

表 1-1 SI で使用される基本量と次元

基本量	量の記号	次元の記号
長さ	l, x, r など	L
質量	m	M
時間	t	T
電流	I, i	I
熱力学温度	T	Θ
物質量	n	N
光度	Iv	J

ここで、指数 α、β、γ は、**次元指数**とよばれます。この次元指数がすべてゼロとなるような組立量が存在します。そのような量は、**無次元**もしくは**次元 1** の量とよばれます。たとえば、比重は無次元です。

1.2.2 物理量の記号の一般的規則

物理量の記号を書き表すときの一般的な規則は、次のように定められています。

> （1）物理量の記号は、ローマ文字またはギリシャ文字の大文字または小文字 1 文字で表します。
> （2）文字はイタリック体（斜体）で書き表します。
> （3）必要に応じ上付き、下付きの添え字をつけることができます。
> （4）添え字は原則としてローマン体（立体）で書き表します。
> 　　ただし、添え字自身が物理量、または数を表すときは、添え字もイタリック体にします。

例

C_B	物質Bの熱容量
E_k	運動エネルギー
$\Delta_r H^o$	標準反応エンタルピー

1.3　接頭語と指数表示

単位の大きさに対して扱う物理量が大きかったり、小さかったりする場合、SI単位の10進の倍量および分量を表すために**SI接頭語**が使われます。たとえば、0.001 m を1 mm（ミリメートル）、1000 m を1 km（キロメートル）と示すことができます。このように長さの単位の10進の分量あるいは倍量は、メートル（m）に単一の接頭語をつけて表示します。

	乗数	名称	記号
1 000 000 000 000 000 000 000 000	10^{24}	ヨタ	Y
1 000 000 000 000 000 000 000	10^{21}	ゼタ	Z
1 000 000 000 000 000 000	10^{18}	エクサ	E
1 000 000 000 000 000	10^{15}	ペタ	P
1 000 000 000 000	10^{12}	テラ	T
1 000 000 000	10^{9}	ギガ	G
1 000 000	10^{6}	メガ	M
1 000	10^{3}	キロ	k
100	10^{2}	ヘクト	h
10	10^{1}	デカ	da

記号	名称	乗数	
			1
d	デシ	10^{-1}	0.1
c	センチ	10^{-2}	0.01
m	ミリ	10^{-3}	0.001
μ	マイクロ	10^{-6}	0.000 001
n	ナノ	10^{-9}	0.000 000 001
p	ピコ	10^{-12}	0.000 000 000 001
f	フェムト	10^{-15}	0.000 000 000 000 001
a	アト	10^{-18}	0.000 000 000 000 000 001
z	ゼプト	10^{-21}	0.000 000 000 000 000 000 001
y	ヨクト	10^{-24}	0.000 000 000 000 000 000 000 001

図1-2　SI接頭語

さらに、物理量が極端に大きかったり、小さかったりする場合には、指数で表すこともできます。このことを**指数表示**といいます。たとえば、0.000000001は10^{-9}、1000000は10^{6}と表すことができます（図1-2）。

接頭語は、1000倍または1000分の1ごとに使われることが多く、表したい値の性質によって指数表示がなされます。

なお、ppmという濃度の単位を用いることもあります。1 ppm = 0.0001 %です。薬学での衛生領域における毒物の濃度などを表す際に用いられることがあります。しかし、これらはSI単位系に含まれていません。ですから、これらの単位の使用は限られた領域で限定的に用いられています。SI接頭語と指数表示を巻末の**付表3**に示します。

> **例題 1-1**
> ① 水分子（H₂O）の水素原子（H）と酸素原子（O）の距離は 9.6×10^{-11} m です。これを nm で表しなさい。
> ② 地球の赤道半径は 6378000 m です。これを km で表しなさい。

解説
① 9.6×10^{-11} m $= 0.096 \times 10^2 \times 10^{-11}$ m $= 0.096 \times 10^{-9}$ m $= 0.096$ nm
② 6378000 m $= 6378 \times 10^3$ m $= 6378$ km

1.4 単位記号の一般的規則

単位記号を書き表すときの一般的な規則は、次のように定められています。

（1） 単位の記号は、ローマン体（立体）で書き表します。
　　例：m, s, cd
　　人名に由来する場合には、記号の最初の文字のみ大文字、ほかは小文字で書き表します。
　　例：Pa, Hz
（2） 単位の積は、単位の間に、・または半角スペースを入れます。
　　例：kg·m·s⁻² または kg m s⁻²
（3） 除算を表すために斜線（スラッシュ）を使うことができます。
　　例：m/s² または m·s⁻²
　　ただし、ひとつの計算単位で 2 回使うことはできません。
　　例：（不適切）J/K/mol →（適切）J·K⁻¹·mol⁻¹
（4） 10^x 倍を表す接頭語を付けることができます。
（5） 接頭語と単位記号の間にスペースを入れません。
　　例：nm, mg, hPa
（6） 接頭語は単独で用いたり、重ねて用いたりできません。
　　例：（不適切）nnm, mmg, MhPa
（7） 接頭語のついた単位は、括弧を使わずに累乗することができます。
　　例：1 cm³ $= 10^{-6}$ m³, 1 μs⁻¹ $= 10^6$ s⁻¹

たとえば、ナトリウムのスペクトルの波長 λ［m］は次のように書き表せます。
　　$\lambda = 5.896 \times 10^{-7}$ m
この時、数値は常に単位の前に置き、数値と単位を分割するために空白（スペース）を入れることになっています（図 1-3）。このように量の値は、数字と単位の積として表され、空白は乗算記号を表しています。

この原則における唯一の例外は、平面角を表す単位である度、分および秒であり、それぞれの単位記号である「°」、「′」および「″」に対しては、数値と単位記号との間に空白を挿入しません。たとえば、平面角という量を表す場合、

$$\phi = 30° \ 22′ \ 8″$$

と表記します。

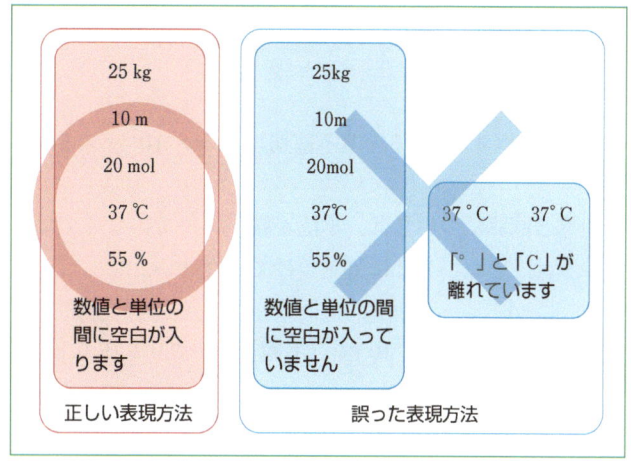

図 1-3 数値と単位の表現方法

1.5 物理量の四則演算

物理量 Q の値は、その単位 $[Q]$ と、その単位で得られる数値 $\{Q\}$ の積で表されます。
$$Q = \{Q\} \ [Q]$$
たとえば、ナトリウムのスペクトルの波長 λ $[m]$ は、次のように書かれます。
$$\lambda = 5.896 \times 10^{-7} \ m$$
10 の n 乗の部分は接頭語と置換えることもできます。
$$\lambda = 5.896 \times 10^{-7} \ m$$
$$= 589.6 \times 10^{-2} \times 10^{-7} \ m = 589.6 \times 10^{-9} \ m = 589.6 \ nm$$

物理量の積を表現する場合には、下記のいずれの方法を用いて表すことになっています。

$$ab \qquad a \ b \qquad a \cdot b \qquad a \times b$$

量の値の積を表す場合には、乗算記号×または括弧を用い、中点「・」を用いないことになっています。数の積を表す場合には、乗算記号×のみを用いなければなりません。

例：15×33.4（適切）　　　$15 \cdot 33.4$（不適切）

また、物理量の商を表現する場合には、下記のいずれかの方法を用いて表します。

$$a/b \qquad \frac{a}{b} \qquad a \ b^{-1}$$

斜線を用いて商を表している量をさらに除す場合には、曖昧さを避けるため括弧を用いて表します。

例：$(a/b)/c$　または　$a/(b/c)$（適切）　　　$a/b/c$（不適切）

乗算と除算については、単位が同じでもSI接頭語が違う量どうしでかけたり、割ったりすることはできません。

例：4 km × 5 m（不適切）→ 4×10^3 m × 5 m = 2×10^4 m²（適切）

加算と減算については、単位が統一されていなくてはなりません。異なる単位どうしの加算と減算はできないことに気をつけてください。

例：3.0 m + 10 cm（不適切）→ 3.0 m + 0.1 m（適切）

指数法則
$a^m a^n = a^{m+n}$
$(a^m)^n = a^{mn}$
$(ab)^m = a^m b^m$
$a^0 = 1$
$\dfrac{1}{a^m} = a^{-m}$
（ただし a, b は正の実数、m, n は有理数）

接頭語は、そのまま対応する 10^n と置き換えることができます。
589.6 nm = 589.6 × (10^{-9} m) = 589.6×10^{-9} m

単位自体が2乗や3乗の次元をもつ場合は、指数法則にしたがって計算することに注意してください。

$1 \text{ nm}^2 = 1 (\text{nm})^2 = 1 \times (10^{-9} \text{ m})^2 = 1 \times 10^{-18} \text{ m}^2$

例題 1-2

自宅から大学までの 4.5 km を 18 分で通学している学生がいます。この速さ（秒速）を求めなさい。

解説

距離の 4.5 km を SI 単位系の長さの単位 m で表すと、4.5×10^3 m です。
また、時間の 18 分を秒に換算すると、$18 \times 60 = 1080$ s です。
速さ v [m·s^{-1}] は、時間 1 s あたりの移動距離ですから、

$$v = \frac{4.5 \times 10^3}{1080} \times \frac{\text{m}}{\text{s}} = 4.2 \text{ m·s}^{-1}$$

答：4.2 m·s^{-1}

1.6 単位換算

物理量の単位は、SI単位系で表すのが基本ですが、別の単位系に（または、別の単位系から）換算しなくてはならない場合があります。このような場合には単位の換算を行わなくてはなりません。

たとえば、男子100m走の世界記録（9.58 s）の速さ $v\left(=\dfrac{100}{9.58}\times\dfrac{\mathrm{m}}{\mathrm{s}}\right)$ を、秒速 $[\mathrm{m\cdot s^{-1}}]$ から時速 $[\mathrm{km\cdot h^{-1}}]$ に換算してみましょう。

mとkm、s（秒）とh（時）の関係は、

$$10^3\ \mathrm{m} = 1\ \mathrm{km} \qquad 3600\ \mathrm{s} = 1\ \mathrm{h}$$

です。これを変形すると、

$$1\ \mathrm{m} = 10^{-3}\ \mathrm{km} \qquad 1\ \mathrm{s} = \dfrac{1}{3600}\ \mathrm{h}$$

となります。ここで単位記号のmやsを代数記号とみなし、

$$v = \dfrac{100}{9.58} \times \dfrac{\mathrm{m}}{\mathrm{s}}$$

に代入します。

$$v = \dfrac{100}{9.58} \times \dfrac{10^{-3}\ \mathrm{km}}{\dfrac{1}{3600}\ \mathrm{h}} = \dfrac{100}{9.58} \times (10^{-3}\ \mathrm{km}) \times \left(\dfrac{3600}{\mathrm{h}}\right) = 37.6 \times 10^3 \times 10^{-3}\ \mathrm{km\cdot h^{-1}}$$

$$= 37.6\ \mathrm{km\cdot h^{-1}}$$

> **例題 1-3**
> 例題 1-2 を時速で求めなさい。

 解説

$$v = \dfrac{4.5}{1080} \times \dfrac{\mathrm{km}}{\dfrac{1}{3600}\ \mathrm{h}} = \dfrac{4.5}{1080} \times (\mathrm{km}) \times \left(\dfrac{3600}{\mathrm{h}}\right) = 15\ \mathrm{km\cdot h^{-1}}$$

答：$15\ \mathrm{km\cdot h^{-1}}$

1.7 誤差と有効数字

真の値と測定値の差を**誤差**といいます。実験では、必ず誤差が生じると考えるべきです。そのため、物理量を測定するときには、たった一度の実験で測定値を決定することは、絶対にしてはいけません。測定値は実験するたびに異なる値となることが多いからです。

誤差 ＝ 真の値 － 測定値

さまざまな原因によって測定値は、**あいまいさ**を含んでおり、真の値を測定することはできません。重要なことは、測定により、あいまいさに関する情報を正確に把握することです。このあいまいさを表現するために**不確かさ**という概念が生まれました。

不確かさとは、測定におけるばらつきの程度です。ばらつきは、測定者の熟練度や測定器の精度に大きく依存します。とくに、測定器を用いて物理量を測定する場合には、目盛りの10分の1まで読み取り、読み取った桁までを測定値の**有効数字**（**有効桁数**とも）といいます。

たとえば、最小容量 1 mL のメスシリンダーを用いて水の量を測定する場合、0.1 mL の位に不確かさが含まれます。

図 1-4 の場合、水の量は 60 mL と 61 mL の間にあり、目分量で 60.9 mL と読み取ることができますから、有効数字は 3 桁となります。つまり、有効数字とは、不確かさがどの桁に含まれるかを示すものです。

有効数字の最少の桁には不確かさが含まれているので、計算を行う場合には、どの桁に不確かさが現れるかを慎重に扱う必要があります。数値を表記する場合にも有効数字に注意を払う必要があります。

図 1-4　メスシリンダーに入った水の量

たとえば、「1000 mL の精製水」と表記した場合、有効数字が 1 桁なのか 4 桁なのか曖昧になってしまいます。このような場合に、有効数字を明確にするためには、「1.0×10^3 mL の精製水」と表記すれば有効数字が 2 桁であり、「1.00×10^3 mL の精製水」と表記すれば有効数字が 3 桁ということが明らかとなります。

有効数字の四則演算

次に、有効数字の四則演算について考えてみます。有効数字の最小桁には、不確かさが含まれるため、有効数字で計算を行う際に、どの桁に不確かさが現れるかに注意する必要があります。

たとえば、ある溶液が 2 つのメスシリンダーに入っている場合、メスシリンダーの目盛りを読み取った値には、不確かさが含まれています。さらに 2 つの溶液を混ぜ合わせたときの量を加算（足し算）することによって求めると、当然不確かさが含まれることになります。このときに、どの桁に不確かさが表れるかを把握することが重要です。実際の計算例を図 1-5 にあげて示します。

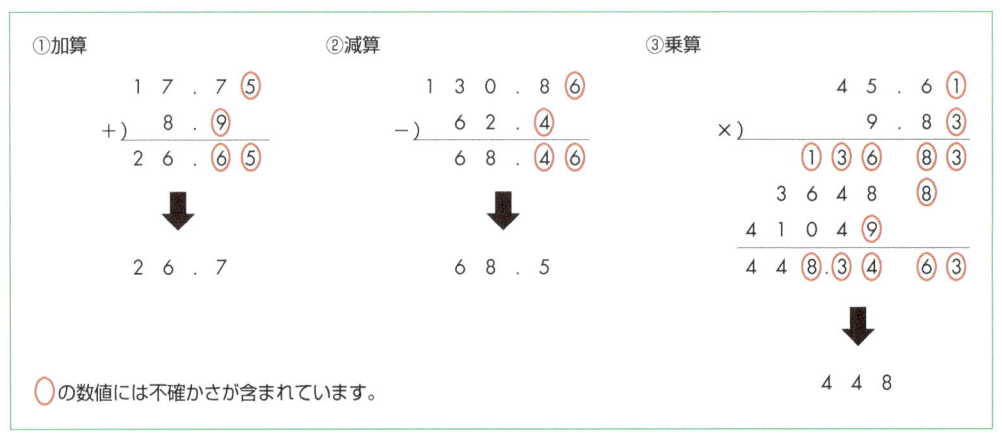

図 1-5　有効数字の計算

加算や減算から導いた値の有効数字は、不確かさが含まれている最後の桁のうち、位の高い方に合わせると上の計算結果と一致します。乗算や除算から導いた値の有効数字は、一般的に有効数字の桁数が少ないほうに合わせると上の計算結果と一致します。

> **有効数字・有効桁数の規則**
> （1）　0でない数字に挟まれた0は有効数字として数えます。
>   　　（例）60002の有効数字は5桁、80.0013の有効数字は6桁となります。
> （2）　0でない数字より前に0がある場合、その0は桁数として数えません。
>   　　（例）0.0002の有効数字は1桁、0.07021の有効数字は4桁となります。
> （3）　小数点より右側で、0でない数字の右にある0は桁数に数えます。
>   　　（例）20.00の有効数字は4桁、0.010の有効数字は2桁となります。
>   　　※0.010の1の前の0は（2）の約束が優先して、桁数として数えません。
> （4）　2400のような場合、有効数字は4桁とも2桁とも考えられます。前後の文脈からどちらかを選びます。
> （5）　指数を使って数値を $a \times 10^n$（$1 \leqq a < 10$）の形で表すことがあります。このときは、a で有効数字を示します。
>   　　（例）8.2600×10^8 の有効数字は5桁、4.30×10^{-5} の有効数字は3桁となります。
> （6）　四則演算を行う場合は、有効数字の桁数が同じ場合は、計算結果も四捨五入して有効数字の桁数をそろえます。異なる場合は、桁数が多い数は一番桁数の小さい桁数より+1だけ桁数をとり、答えは四捨五入して一番小さな桁数にあわせます。
>   　　（例）$2.03 \times 5.3 \times 2.246 = 24.164714$
>   　　　　　3桁　2桁　4桁
>   　　となりますが、一番小さな有効数字は5.3の2桁ですから、これにあわせ、
>   　　答は、24となります。

1.8　ベクトルとスカラー

　物理量には、数量だけで表されるものと、数量と向きという2つの要素で表されるものがあります。数量だけで表されるものを**スカラー**といい、数量と向きの2つで表されるものを**ベクトル**といいます。

　液体の容量、物質の質量、温度などはスカラーですから、測定した数量を読めばわかります。スカラー量にはここにあげた物理量以外にも、長さ、時間、物質量、濃度などがあります。

　一方、風の様子、飛行機の進路、力や加速度などはベクトルです。風は、風速と風向きを同時に表さなければならないし、飛行機の進路も速さと向き（進路）を同時に表さなければなりません。扱う物理量が、ベクトルであるかスカラーであるかに注意を払う必要があります。その理由は、ベクトルとスカラーでは計算の仕方が異なってくるからです。

　一般にベクトルは、向きを指定した線分である有向線分で表します。有向線分は、位置と向

きおよび大きさで決まりますが、ベクトルは位置を問題にしません。そのため、位置が異なっていても向きが同じで大きさが等しい有向線分どうしは、ベクトルとしては同じものを表すこととなります（有向線分 AB において A を**始点**、B を**終点**といいます（図1-6）。また、線分 AB の長さを大きさともいいます）。ベクトルは、太字イタリック体（例：A、a）、または文字の上に矢印を付けて（例：$\vec{A}$、$\vec{a}$）と示すことになっています。

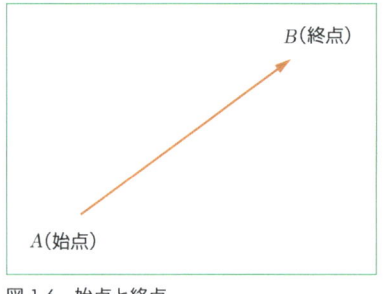

図1-6 始点と終点

平面上のベクトルを考える場合は、ベクトルを $\vec{AB}$ と書き表し、$\vec{AB}$ の大きさを $|\vec{AB}|$ と書きます。このとき、$|\vec{AB}|$ は線分 AB の長さに等しくなります。とくに、大きさが1であるベクトルを**単位ベクトル**といいます。$\vec{AB}$ と $\vec{CD}$ の向きが同じで大きさが等しいとき、2つのベクトルは等しいといい、$\vec{AB} = \vec{CD}$ と書きます（図1-7）。

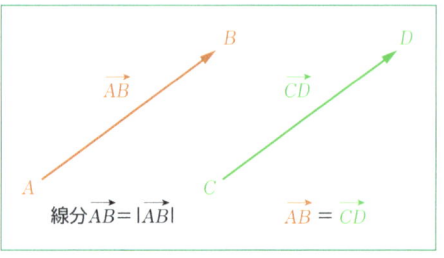

図1-7 ベクトルの表示

つぎに xy 平面上の $\vec{OA}$ について考えます。

図1-8のように、$\vec{OA}$ と x 軸とのなす角が θ のとき、$\vec{OA} = (|\vec{OA}|\cos\theta, |\vec{OA}|\sin\theta)$ と表します。

ベクトルの積には、2種類あります。積の結果がスカラーとなる**内積**（スカラー積ともいいます）と**ベクトルとなる外積**です。$\vec{OA}$ と $\vec{OB}$ の内積は、$\vec{OA}$ と $\vec{OB}$ のなす角を θ（$0° \leq \theta \leq 180°$）とすると、

$$\vec{OA} \cdot \vec{OB} = |\vec{OA}| |\vec{OB}| \cos\theta$$

で定義されます（図1-9）。これは、1つのベクトルの大きさ $|\vec{OB}|$ と、もうひとつのベクトル $\vec{OA}$ の $\vec{OB}$ と同じ向きの成分 $|\vec{OA}|\cos\theta$ を掛け合わせたものであることを意味します。

つまり、内積は、同じ向きの成分どうしを掛け合わせたい時に使います。ですから、物体に力を加えた時の仕事を計算する際に「力の向き」と「力の向きに進んだ距離」をかけるのに使えます。

また、xy 平面上に $\vec{OA}$ と $\vec{OB}$ が存在し、それぞれの成分を (a_x, a_y)、(b_x, b_y) とすると内積は $\vec{OA} \cdot \vec{OB}$ で表され

$$\vec{OA} \cdot \vec{OB} = a_x b_x + a_y b_y$$

と定義されます。同様に、$\vec{OA}$ と $\vec{OB}$ をそれぞれ (a_x, a_y, a_z)、(b_x, b_y, b_z) とすると、

$$\vec{OA} \cdot \vec{OB} = a_x b_x + a_y b_y + a_z b_z$$

と定義されます。

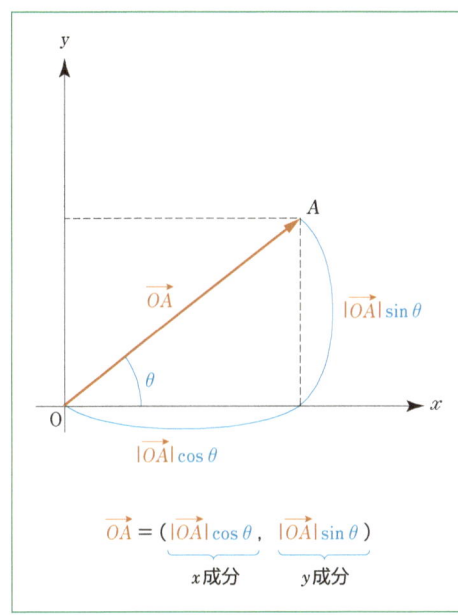

図1-8 x、y面でのベクトルの表示

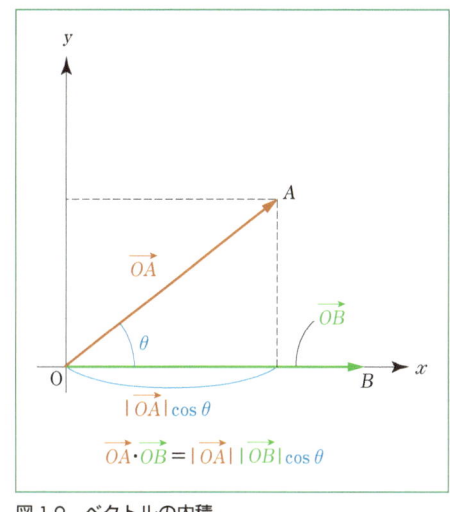

図1-9 ベクトルの内積

ベクトルの外積は、ベクトル $\overrightarrow{OA}$ を (a_x, a_y, a_z)、$\overrightarrow{OB}$ を (b_x, b_y, b_z) とすると、$\overrightarrow{OA} \times \overrightarrow{OB}$ で表され、

$$\overrightarrow{OA} \times \overrightarrow{OB} = (a_y b_z - a_z b_y,\ a_z b_x - a_x b_z,\ a_x b_y - a_y b_x)$$

と定義されます。

物理学を勉強していくなかで、(働いた力の大きさ)×(移動距離) を仕事といい、仕事をする能力を**エネルギー**ということを学びます。この「仕事」を計算してみましょう。

質量 2 kg のボールが 3 m 落下しました。この時、重力はボールに $9.8\ \mathrm{m \cdot s^{-2}}$ の加速度の大きさを生じさせるので、重力のした仕事は $2.0 \times 9.8 \times 3.0 = 58.8 ≒ 59$ J です。

この場合、単純な数値どうしのかけ算ですみます。これは、働いた重力の向きと移動したボールの向きが同じだからです。

しかし、日常の落下運動は、もっと複雑です。重力は、大きさと向きをもつベクトル量であることはいうまでもありませんが、物体はそれが斜面に置かれていることなどを考えると、移動方向もさまざまであり、物体の移動も、距離とその向きをもつベクトルと考える必要があります。この移動を**変位**とよぶこともあります。

次の例を見てみましょう。図1-10のように、斜面上に物体が置かれています。物体に働く力は重力であり、鉛直下向きです。物体は、斜面に沿って d [m] 滑ったとします。

この場合、物体を滑らせたことに寄与した重力は、この重力全体ではなく、斜面方向の分力だけであり、斜面に垂直な方向の分力は物体の移動にはまったく寄与していません。

この場合、斜面に沿って下る向きで大きさが d [m] の変位ベクトルを $\vec{d}$ とすると、重力 $\vec{F}$ がした仕事は、

$$\text{仕事} = |\vec{d}| \times |\vec{F}| \cos\theta = \vec{d}\cdot\vec{F}$$

と内積を用いて表されます。なお、角度 θ は重力 $\vec{F}$ と変位のなす角度を表します。

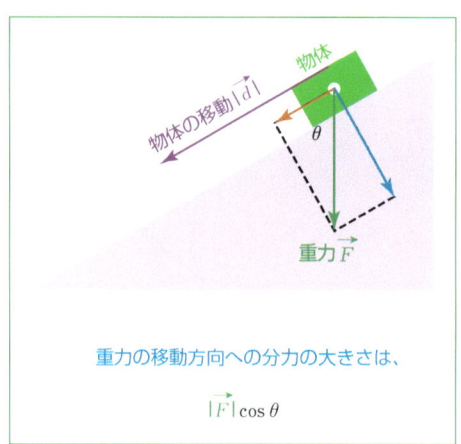

図 1-10　重力が物体にする仕事

第2章
運動の法則

2.1 力学

　物体を押したり、引いたりすると、物体に力がはたらきます。この力を表すには、**力の大きさ**、**力の向き**、**力の作用点**（力が作用する点）が必要になります。これらを力の三要素といいます。

　力は、大きさと向きをもつ**ベクトル量**です。また、力を図で表すには、矢印を使います。矢印の長さは力の大きさを、矢印の向きは力の向きを、矢印の始点は力の作用点を、それぞれ表します（図2-1）。

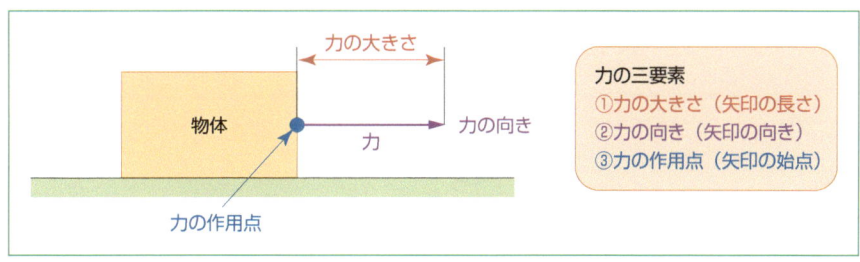

図 2-1　力の表し方

2.1.1 重力

　もっとも身近な力は、重力です。**重力**とは、地球の質量によって地上の物体が下向きに引かれる力をいいます。重力は、地球と物体の間にはたらく引力による力です。引力は、物体どうしの引き合う力ですが、地上の物体の質量は、地球の質量に比べ、はるかに小さいので、物体のほうが地球に引っ張られるようにみえます。また、地球が自転しているため、地球上の物体は引力だけでなく、遠心力の影響も受けます。すなわち、重力は、引力と遠心力を合わせた力ということになります（図2-2）。

　地表付近にあるすべての物体には、常に重力が下向きにはたらきます（図2-3）。重力の向きを**鉛直下向き**といい、物体への重力の作用点を**重心**といいます。
　重力の大きさは、物体の質量に比例します。物体の質量を m [kg] とすると、重力の大きさ F [N] は、

$$F = m \cdot g$$

で表されます。この比例定数 g [m·s^{-2}] を**重力加速度**（の大きさ）といいます。重力加速度の大きさの値は、高度や緯度によって異なり、地表付近の標準値としては、$g = 9.80665$ m·s^{-2} です。

力の大きさは、基準となる値（SI 組立単位）1 **N**（**ニュートン**）の何倍になるかで表します。大きさ 1 N の力が質量 1 kg（単位質量）の物体にはたらくと、その物体の速さは 1 秒間（単位時間）あたり 1 m·s^{-1} の値で変化します。

この単位時間当りの速さの変化を**加速度の大きさ**といいます。つまり、質量が 2 倍の物体に同じ加速度の大きさを生じさせるには、力の大きさを 2 倍にする必要があり、同じ質量の物体に生じる加速度の大きさを 2 倍にするにも、力の大きさを 2 倍にする必要があります。

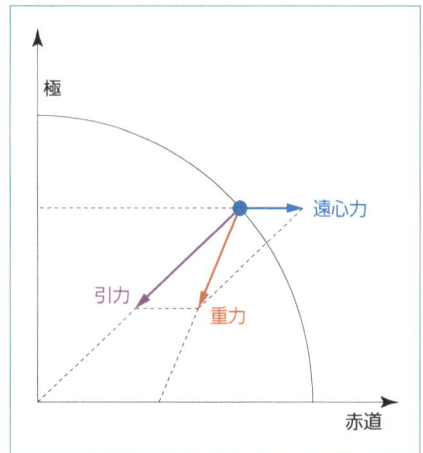

図 2-2　重力は引力と遠心力の合力
地球上の物体は引力だけでなく、地球が自転しているため、遠心力の影響も受けます。引力と遠心力を合わせた力を重力といいます。

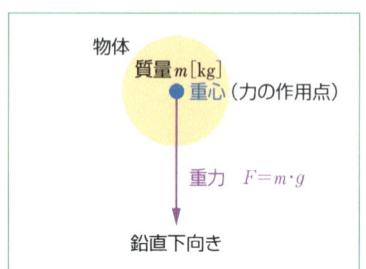

図 2-3　重力
質量 m [kg] の物体には、常に大きさ $m \cdot g$ の重力が鉛直下向きにはたらきます。
g [m·s^{-2}] は重力加速度（の大きさ）です。

例題 2-1

100 g の質量の物体にはたらく重力の大きさを求めなさい。ただし、重力加速度の大きさは、9.81 m·s^{-2} とします。

解説

物体にはたらく重力の大きさは、$F = m \cdot g$ で求まりますから、この式に与えられている数値を代入していきます。ただし、物体の質量 m は 100 g ですから、これを kg に直して、0.100 kg にしてから代入します。

$$F = m \cdot g = (0.100 \text{ kg}) \times (9.81 \text{ m·s}^{-2}) = 0.981 \text{ kg·m·s}^{-2} = 0.981 \text{ N}$$

kg·m·s^{-2} = N

となります。質量の単位を kg、加速度の単位を m·s^{-2} とすると、力の単位は、kg·m·s^{-2} となります。これを N と表します（1 N ＝ 1 kg·m·s^{-2}）。
答：0.981 N

2.1.2 ばねの力

ばねを伸ばすと、縮もうとする向きに力がはたらき、ばねを縮めると、伸びようとする向きに力がはたらきます（図 2-4）。変形した物体が元の形に戻ろうとする性質を**弾性**といい、そのときにはたらく力を**弾性力**または**弾力**といいます。弾性力の向きは、変形の向きと逆向きになります。弾性力の大きさは、変形の大きさに比例します。変形の大きさを x [m] とすると、弾性力の大きさ F [N] は、

$$F = k \cdot x$$

で表されます。これを**フックの法則**といいます。ここで、比例定数 k [N·m^{-1}] を**弾性定数**といいます。とくに、ばねの弾性定数を**ばね定数**といいます。硬い物体ほど弾性定数は大きく、軟らかい物体ほど弾性定数は小さくなります。

弾性力の大きさ F [N] を縦軸に、変形の大きさ x [m] を横軸にプロットしたグラフ（F–x 図）を描くと、原点を通る直線になり、直線の傾きは弾性定数を表します（図 2-4）。

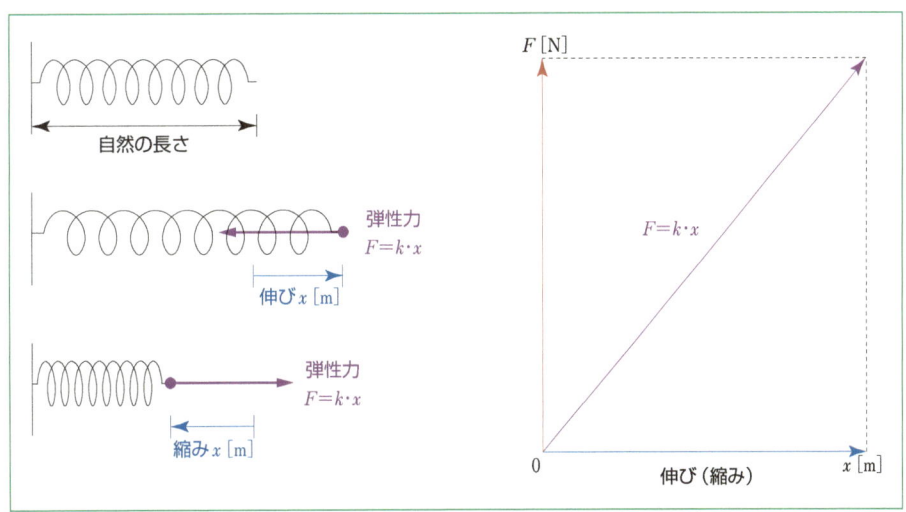

図 2-4　ばねの弾性力
長さ x [m] だけ伸びた（縮んだ）ばねには、大きさ $k \cdot x$ の弾性力がばねを縮ませる（伸ばす）向きにはたらきます。k [N·m^{-1}] は、ばね定数です。ばね定数の基準となる量（SI 単位）は、ばねを 1 m（単位長さ）伸ばしたときに、弾性力の大きさが 1 N になるばねのばね定数とし、その値を 1 N·m^{-1} と表します。

例題 2-2

ばね定数 40.0 N·m^{-1} のばねが 10.0 cm 伸びると、弾性力の大きさはいくらになるか求めなさい。

解説

弾性力の大きさは、$F = k \cdot x$ で求まりますから、この式に与えられている数値を代入していきます。ただし、ばねの伸びが 10.0 cm になっているので、これを m に直して、0.100 m にしてから代入します。

$$F = k \cdot x = (40.0 \text{ N} \cdot \text{m}^{-1}) \times (0.100 \text{ m}) = 4.00 \text{ N}$$

となります。

答：4.00 N

ばねで物体を吊るすと、ばねが伸びて、物体は、ある位置で静止します（図 2-5）。このとき、物体には、重力とばねの弾性力の 2 つの力がはたらきます。複数の力が 1 つの物体にはたらくとき、力はベクトル量なので、その向きを記号で表す必要があります。

重力のはたらく向きを正符号で表すと、ばねの弾性力の向きは重力と逆向きなので、ばねの弾性力に負符号をつけて向きまで記号で表せます。

つまり、重力は $+m \cdot g = m \cdot g$ と表され、ばねの弾性力は $-k \cdot x$ と表現されます。したがって、この物体にはたらく力（の総和）F [N] は、

$$F = m \cdot g + (-k \cdot x) = m \cdot g - k \cdot x$$

となります。

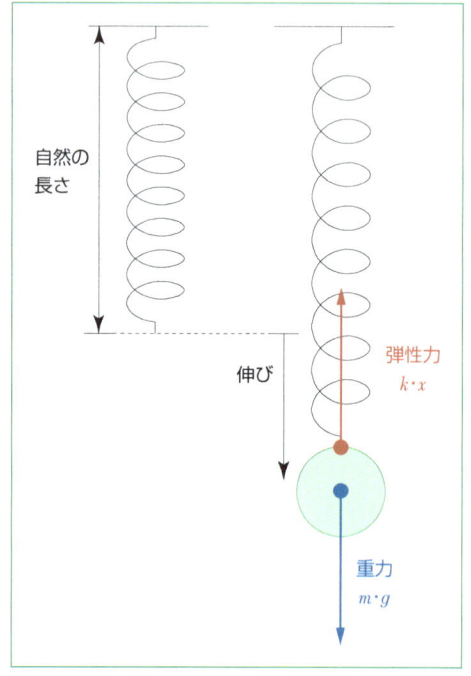

図 2-5　重力とばねの弾性力
ばねで物体を吊るすと、ばねの弾性力と重力のはたらく向きが逆向きになります。

物体に複数の力がはたらいて物体が静止、あるいは等速直線運動している場合、物体にはたらく力（の総和）はゼロになります。これを、**運動の第一法則**（**慣性の法則**）といいます。図 2-5 のように、ばねに質量 m [kg] の物体を吊して、ばねが長さ x [m] 伸びて物体が静止した場合、物体にはたらく力（の総和）は $F = 0$ N なので、$m \cdot g - k \cdot x = 0$ となり、

$$x = \frac{m \cdot g}{k} = \frac{g}{k} \cdot m$$

という関係式が得られます。この関係式より、ばねの伸びは物体の質量に比例することが示されます。

ばね定数の値がわかっていれば、ばねの伸びを測ることで物体の質量が求まります。これがばねばかりの原理です。

例題 2-3

ばね定数 40.0 N·m⁻¹ のばねで 100 g の物体を吊したとき、ばねの伸びはいくらになるか求めなさい。

解説

ばねの伸びは、$x = (m \cdot g)/k$ で求まりますから、この式に与えられている数値を代入していきます。例題 2-1 から、質量 100 g の物体にはたらく重力の大きさは $m \cdot g = 0.981$ N です。

$$x = \frac{m \cdot g}{k} = \frac{(0.100 \text{ kg}) \times (9.81 \text{ m·s}^{-2})}{40.0 \text{ N·m}^{-1}} = \frac{0.981 \text{ kg·m·s}^{-2}}{40.0 \text{ N·m}^{-1}} = \frac{0.981 \text{ N}}{40.0 \text{ N·m}^{-1}} = 0.0245 \text{ m}$$

（kg·m·s⁻² ＝ N）

となります。

答：0.0245 m

2.1.3　束縛力

これまでの力は、その大きさが質量やばねの伸びなど（測定可能な量、すなわち物理量）を用いて決定できる力でした。それに対して、物体の運動状態によって力の大きさが変化する力があります。このような力を**束縛力**といい、その例としては、**垂直抗力**や**摩擦力**があります。

垂直抗力

垂直抗力は、1 つの物体が床などそれ以外の物体と接触した場合に生じる力で、接触面と垂直方向で物体を押す向きにはたらく力です。床面が水平で静止した状態であれば、図 2-6 に示されているように、床の上に置かれた物体も静止しているので、物体にはたらく重力と床からの垂直抗力の和はゼロとなり、ばねに物体を吊して静止させた場合と同じく、垂直抗力の大きさは重力の大きさと一致します。

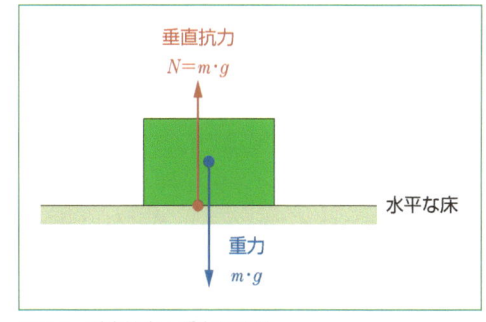

図 2-6　垂直抗力と重力の関係
物体の質量を m [kg] とすると物体にはたらく重力は下向きに $m \cdot g$、垂直抗力の大きさを仮に N [N] とおくと、垂直抗力は上向きに N [N] なので、下向きを正符号で表せば、この物体にはたらく力（の総和）は
$(+m \cdot g) + (-N) = m \cdot g - N$ となり、物体が静止しているから、$m \cdot g - N = 0$ より、$N = m \cdot g$ となります。

一方、物体を床面が傾いた斜面に置くと、物体は静止せず、斜面に沿って動き始めます。この場合、垂直抗力の大きさは変化して、図 2-6 の場合とは異なり、重力の大きさより小さくなります。

つまり、重力と垂直抗力を加えても物体にはたらく力はゼロにならず、打ち消されずに残った力の向き（斜面に沿った方向に下向き）に物体は動き始めます。

同じように垂直抗力の大きさが変化する例としては、静止したエレベータに乗って、エレ

ベータが上がりはじめる場合が考えられます。

　人は自分の質量にはたらく重力（これが体重です）と床からの垂直抗力の両方を打ち消すように筋肉の力を使って立っています。エレベータが静止していても上がり始めても、その上にいる人の体重は変化しませんが、垂直抗力の大きさは変化します（静止している場合より上がり始めのほうが垂直抗力の大きさは大きくなります）。

　その変化の差を調整して打ち消すために、より多くの筋肉の力が必要になって、体重が増えたと感じるようになります。

静止摩擦力

　接触面が滑らかでない水平な床に沿って物体を動かそうとすると、物体の動きを妨げる向きに力がはたらきます（図2-7）。これを**摩擦力**といいます。

　摩擦力の向きは、接触面に沿った方向で物体を動かそうとする向きと逆向きになります。物体を動かそうとして、大きさ F [N] の力を物体にはたらかせても物体が静止している場合、

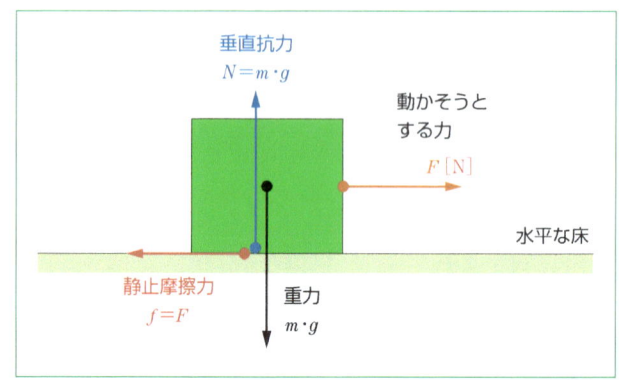

図2-7　静止摩擦力と物体を動かそうとする力の関係
静止摩擦力の大きさは物体を動かそうとする力の大きさと一致します。

その摩擦力は束縛力であり、**静止摩擦力**といいます。

　図2-7のように、水平方向右向きに大きさ F [N] の力をはたらかせた場合、水平方向右向きを正符号とすると、向きを記号で表したその力は $+F$ となります。

　束縛力である静止摩擦力は、負符号の向きにはたらくので、その大きさを f [N] とすれば、静止摩擦力は、$-f$ と表せます。

　水平方向には、この2つの力だけがはたらくので、水平方向にはたらく力（の総和）は、

$$(+F)+(-f)=F-f$$

となります。

　この物体は静止しているので、水平方向にはたらく力（の総和）はゼロとなりますから、$F-f=0$ より、

　静止摩擦力の大きさ f [N] は、

$$f=F$$

となり、物体を動かそうとする力の大きさと一致します。

　ただし、物体を動かそうとする力の大きさをより大きくしていくと、物体はいつか動き始めます。物体が動き始めるまでは、静止摩擦力の大きさ f [N] は、物体を動かそうとする力の

大きさの増加と一致して増えていきますが、それにも限界があります。この限界の大きさの静止摩擦力を**最大静止摩擦力**といいます。

最大静止摩擦力の大きさは、物体にはたらく垂直抗力の大きさに比例します。この比例定数は、**静止摩擦係数**といい、記号 μ（ミュー）で表します。

垂直抗力の大きさを N [N] とすれば、最大摩擦力は $\mu \cdot N$ となり、静止摩擦力の大きさ f [N] は、

$$f \leq \mu \cdot N$$

で表される不等式を満たします。

> **例題 2-4**
> 　滑らかでない水平な床に置かれた質量 100 g の物体を、床に沿った向きに動かそうとする場合、いくら以上の力がはたらくと物体が動き始めるか求めなさい。ただし、床の静止摩擦係数 $\mu = 0.400$ とします。

解説

例題 2-1 から、質量 100 g の物体にはたらく重力の大きさは、$m \cdot g = 0.981$ N です。

静止した物体にはたらく垂直抗力の大きさは、重力の大きさに等しく、$N = m \cdot g = 0.981$ N となります。

静止摩擦力の不等式 $f \leq \mu \cdot N$ に与えられている数値を代入していきます。

$$f \leq \boxed{\mu} \cdot N = 0.400 \times (0.981 \text{ N}) = 0.392 \text{ N}$$

（静止摩擦係数）

となります。物体が動き始めるには、$\mu \cdot N$ 以上の大きさの力が必要ですから、

答：大きさ 0.392 N 以上の力

運動摩擦力

滑らかでない床の上で**動き出した物体には、物体が動く向きと逆向きに運動摩擦力**がはたらきます。この運動摩擦力は、大きさが変化する静止摩擦力と異なり、その**大きさは物体にはたらく垂直抗力の大きさに比例します**。

ただし、比例定数は、静止摩擦係数と同じにはなりません（一般的に静止摩擦係数より小さくなります）。

そのため、運動摩擦力の大きさを決定する比例定数を**運動摩擦係数**とよび、静止摩擦係数と区別します。物体にはたらく垂直抗力の大きさを N [N]、運動摩擦係数を μ' とすると、運動摩擦力の大きさ f' [N] は、

$$f' = \mu' \cdot N$$

と表されます。

2.1.4 力のモーメント

大きさをもつ剛体は、力が加えられたときに、並進運動だけでなく、回転運動をすることがあります。並進運動とは、同じ時間に同じ方向へ同じ距離を平行移動する運動をいいます。ここでは、回転運動について考えてみます。**剛体**とは、決して変形しないような、大きさのある物体のことです。**質点**というのは、大きさのない、質量だけある点です。それに対して、剛体は大きさがあります。

ドアノブのレバーように、一点が固定された物体に力を加えると、固定された点（支点）を中心に、物体が回転します（図 2-8）。支点から力の作用点までの長さを**腕の長さ**といいます。物体を回転させようとする物理量を**力のモーメント（トルク）**といい、腕の長さと力の大きさの積（腕の向きと力の向きが直交する場合）で表せます。

腕の長さ L [m] の点に垂直にはたらく力の大きさを F [N] とすると、力のモーメントの大きさ N [N·m] は、

$$N = F \cdot L$$

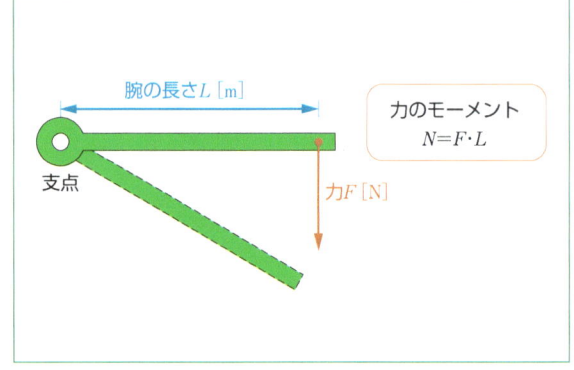

図 2-8 力のモーメント
力のモーメントは、力の大きさと腕の長さの積で表されます。

で表されます。力のモーメントは、力の大きさが大きいほど、腕の長さが長いほど大きくなり、物体の回転運動は大きく変化します（勢いよく回り出したり、急に回転が止まったりします）。

腕の向きと力の向きのなす角を θ とすると、力のモーメントの大きさは、腕に対して直交方向の力の大きさで決まるので、力のモーメントの大きさ N [N·m] は、

$$N = F \cdot L \cdot \sin \theta$$

で表されます。

腕の長さが等しい静止していた天秤の両側に、同じ質量の物体をのせると、天秤は回転しません。しかし、腕の長さが異なる静止していた天秤の両側に、同じ質量の物体をのせると、天秤は回転します。それは、2つの力のモーメントの大きさが異なるからです。

左側の腕の長さが L_1 [m]、右側の腕の長さが L_2 [m] の天秤を考えましょう（図 2-9）。天秤の左側に質量 m_1 [kg] の物体をのせると、力のモーメントの大きさ N_1 [N·m] は、

$$\begin{aligned} N_1 &= F_1 \cdot L_1 \cdot \sin 90° \\ &= m_1 \cdot g \cdot L_1 \quad \cdots ① \end{aligned}$$

となり、回転運動を反時計回り（正符号で表す）に変化させる量になります。

天秤の右側に質量 m_2 [kg] の物体をのせると、力のモーメントの大きさ N_2 [N·m] は、

$$N_2 = F_2 \cdot L_2 \cdot \sin 90° \\ = m_2 \cdot g \cdot L_2 \quad \cdots ②$$

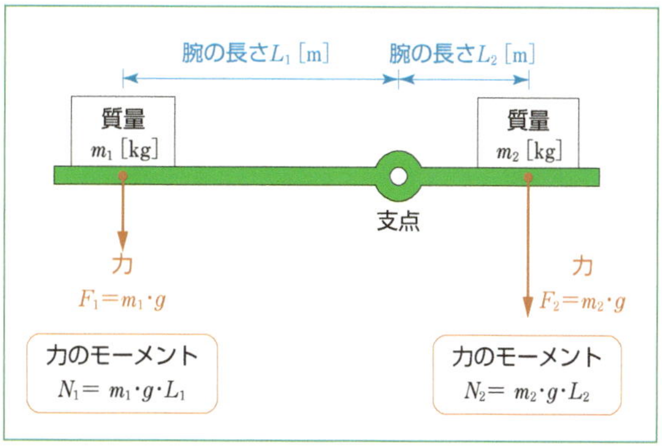

となり、時計回り（負符号で表す）に回転します。

2つの力のモーメントの大きさが等しければ、力のモーメントは0になり、天秤の回転運動は変化しません（静止していればそのまま）。すなわち、

$$N_1 + N_2 = 0 \quad \cdots ③$$

となります。③式に①、②式を代入すると、

$$m_1 \cdot g \cdot L_1 + (-m_2 \cdot g \cdot L_2) = 0$$

となります。この式から、

$$\frac{m_1}{m_2} = \frac{L_2}{L_1}$$

という関係が導かれます。質量の比と腕の長さの比が関係づけられるので、一方がわかれば他方もわかることになります。これが天秤ばかりのしくみです。

図 2-9 力のモーメントのつり合い
天秤の両側にはたらく力のモーメントの大きさが等しければ、力のモーメントはつり合い、天秤もつり合います。

2.1.5 圧力

物体の表面に力を加えると、表面はへこみます。針先のように、力がはたらく面積が小さいほど、表面は大きくへこみます（図2-10）。

逆に、同じ大きさの力でも、力がはたらく面積が大きいと、表面のへこみは小さくなります。これらの違いを表すために圧力という概念を用います。

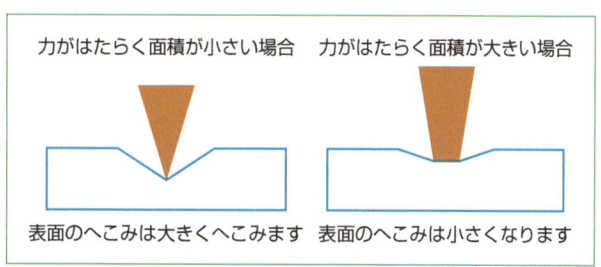

図 2-10 圧力がかかる面積によるへこみ方の違い

物体の表面に対して力が垂直方向にはたらくとき、単位面積あたりの力の大きさを**圧力**といいます。つまり、

2.1 力学　23

$$\text{圧力} = \frac{\text{表面を垂直に押す力}}{\text{力がはたらく面積}}$$

と表せます。

たとえば、はたらく力の大きさが同じであっても、力がはたらく面積が単位面積の 0.1 倍の場合、単位面積あたりに換算すると、10 倍の大きさになります。圧力の単位は、1 m² （単位面積）あたり 1 N の大きさの力がはたらく場合（力の単位 N/ 面積の単位 m²）を、**1 Pa**（**パスカル**）といいます。

つまり、

$$1 \text{ Pa} = 1 \text{ N} \cdot \text{m}^{-2}$$

です。

台風などの気象予報でよく使われる気圧の単位の**ヘクトパスカル**（hPa）は、ヘクト（h）が 100 を表す接頭語なので、

$$1 \text{ hPa} = 100 \text{ Pa} = 100 \text{ N} \cdot \text{m}^{-2}$$

ということになります。

先ほどの例を、面積 0.1 m² に大きさ 1 N の力がはたらいたと考えると、単位面積（1 m²）あたりでは、10 N の大きさの力がはたらいたことになり、圧力は、10 Pa となります。

面積 A [m²] の面に垂直に大きさ F [N] の力がはたらいた場合、面積は単位面積の A 倍となるので、圧力 P [Pa] は、面にはたらく力の大きさ F の A 分の 1 になります。したがって、

$$P = (1/A) \cdot F = \frac{F}{A}$$

となります。

たとえば、ヒール面が 1.5 cm² のハイヒールを履いた体重 50 kg の女性が地面に加える圧力 P は、

$$\text{kg} \cdot \text{m} \cdot \text{s}^{-2} = \text{N}$$

$$P = \frac{(50 \text{ kg}) \times (9.8 \text{ m} \cdot \text{s}^{-2})}{0.00015 \text{ m}^2} = \frac{490 \text{ kg} \cdot \text{m} \cdot \text{s}^{-2}}{0.00015 \text{ m}^2} = \frac{490 \text{ N}}{0.00015 \text{ m}^2} = 3.3 \times 10^6 \text{ Pa } (= \text{N} \cdot \text{m}^{-2})$$

です。

一方、ヒール面が 30 cm² の普通の靴を履いた体重 50 kg の女性が地面に加える圧力 P は、

$$P = \frac{(50 \text{ kg}) \times (9.8 \text{ m} \cdot \text{s}^{-2})}{0.0030 \text{ m}^2} = \frac{490 \text{ kg} \cdot \text{m} \cdot \text{s}^{-2}}{0.0030 \text{ m}^2} = \frac{490 \text{ N}}{0.0030 \text{ m}^2} = 1.6 \times 10^5 \text{ Pa } (= \text{N} \cdot \text{m}^{-2})$$

で、ハイヒールの 1/20 です。この例のように、同じ力を加えたとしても、加える力の面積が小さいほど、より大きな圧力になることがわかります。

面積の小さいハイヒールで足を踏まれると、圧力が大きくなり、普通の靴で踏まれるより痛さを感じることがわかると思います。

圧力の単位には、Pa 以外にもいくつかあります。気体の圧力を表す非 SI 単位には、

atm（気圧）や bar（バール）があります。

地表（海抜 0 m）における大気の圧力を標準大気圧といいます。標準大気圧は、1 atm = 101325 Pa です。1 atm は、約 10^5 Pa なので、10^5 Pa で計算するほうが簡単です。1 bar = 10^5 Pa であり、0.9869 気圧（標準大気圧）に相当します。そこで薬学では標準圧力として 1 atm のかわりに 1 bar が用いられています。

水銀（Hg）柱の底面にはたらく圧力を表す非 SI 単位に mmHg（水銀柱ミリメートル）があります。高さ 760 mm の水銀柱の底面にはたらく圧力を 760 mmHg のように表します。760 mmHg = 101325 Pa です。すなわち、1 atm に等しくなります。

血圧の単位には、mmHg が使用されています。血圧が 120 というのは 120 mmHg を表します。

生体内の酸素分圧や二酸化炭素分圧には、Torr（トール）が用いられています。1 Torr = 1 mmHg ですが、生体内の圧力には Torr、血圧には mmHg と用途が異なるので、注意してください。

$$1 \text{ atm} = 101325 \text{ Pa} = 1.01325 \text{ bar} = 760 \text{ mmHg} (= 760 \text{ Torr})$$

圧力に関する単位の換算を表 2-1 に示します。

表 2-1　圧力に関する単位の換算

		変換後単位						
		Pa	kPa	MPa	mmHg	atm	bar	mbar
変換前単位	Pa (= N/m²)	1	1×10^{-3}	1×10^{-6}	7.501×10^{-3}	9.869×10^{-6}	1×10^{-5}	1×10^{-2}
	kPa	1000	1	1×10^{-3}	7.501	9.869×10^{-3}	1×10^{-2}	10
	MPa	1×10^6	1000	1	7501	9.869	10	1×10^4
	mmHg (= Torr)	133.3	1.333×10^{-1}	1.333×10^{-4}	1	1.316×10^{-3}	1.333×10^{-3}	1.333
	atm (気圧)	101325	101.325	1.0133×10^{-1}	760	1（大気圧）	1.01325	1013.25
	bar	1×10^5	100	0.1	750.06	0.9869	1	1000
	mbar	100	0.1	1×10^{-4}	0.7501	9.869×10^{-4}	1×10^{-3}	1

1 Pa = 1 N·m⁻²　標準大気圧 1 atm = 101325 Pa = 760 mmHg（= Torr）

2.1.6　液体にはたらく圧力

円柱の容器に水を入れたとき、容器の底面にはたらく圧力を考えます（図 2-11）。物質の単位体積（体積 1 m³）当たりの質量を密度といいます。水の密度を ρ（単位体積あたり単位質量である液体の密度の ρ 倍）とすると、体積 V [m³] の水の質量 m [kg] は、

$$m = \rho \cdot V$$

です。

容器の底面にはたらく力の大きさ F [N] は、水にはたらく重力の大きさに等しく、

$$F = m \cdot g = \rho \cdot V \cdot g$$

と表せます。

水の深さを h [m]、底面の面積を A [m^2] とすると、水の体積 V [m^3] は、
$$V = h \cdot A$$
です。その場合、水により容器の底面にはたらく圧力 P_W [Pa] は、

$$P_W = \frac{F}{A} = \frac{\rho \cdot V \cdot g}{A} = \frac{\rho \cdot h \cdot A \cdot g}{A}$$
$$= \rho \cdot g \cdot h$$

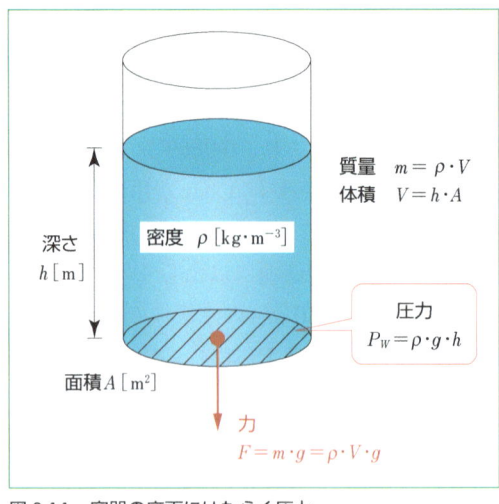

図 2-11　容器の底面にはたらく圧力
密度 ρ [kg·m^{-3}] の水を深さ h [m] まで入れると、底面の圧力は、$\rho \cdot g \cdot h$ になります。

となります。

　容器の底面にはたらく水の圧力は、水の深さに比例します。しかし、底面の面積には、関係しません。実際には、水の圧力に加えて水の上に存在する大気の圧力（大気圧）も容器の底面に圧力として加わります。容器の底面にはたらく圧力を P [Pa]、大気圧を P_0 [Pa] とすると、

$$P = P_W + P_0 = \rho \cdot g \cdot h + P_0$$

となります。

例題 2-5

　水を 20.0 cm の深さまで容器に入れときの容器の底面にはたらく水の圧力を求めなさい。ただし、水の密度 $\rho = 1.00 \times 10^3$ kg·m^{-3}、重力加速度の大きさ $g = 9.81$ m·s^{-2} とします。

解説

深さが h [m] で密度が ρ [kg·m^{-3}] の液体が入っている容器の底面にはたらく圧力 P_W [Pa] は、
$$P_W = \rho \cdot g \cdot h$$
です。この式にそれぞれの値を代入していきます。

$$P_W = \rho \cdot g \cdot h = (1.00 \times 10^3 \text{ kg·m}^{-3}) \times (9.81 \text{ m·s}^{-2}) \times (0.200 \text{ m}) = 1.96 \times 10^3 \text{ kg·m}^{-1}\text{·s}^{-2}$$
$$= 1.96 \times 10^3 \text{ kg·m·s}^{-2}\text{·m}^{-2} = 1.96 \times 10^3 \text{ N·m}^{-2} = 1.96 \times 10^3 \text{ Pa}$$

kg·m·s^{-2} = N　　　N·m^{-2} = Pa

となります。

答：1.96×10^3 Pa

　静止している水中で物体にはたらく圧力を**静水圧**といいます。静水圧の向きは、物体の表面に対して常に垂直になります（**図 2-12**）。水の深さが深いほど、静水圧は大きくなります。

　水の深さを h [m]、水の密度を ρ [kg·m^{-3}] とすると、静水圧の大きさ P [Pa] は、

$$P = \rho \cdot g \cdot h$$

で表されます。g [m·s^{-2}] は重力加速度の大きさです。
　静水圧の大きさは、深さ h [m] の水(密度 ρ [kg·m^{-3}])の底面にはたらく圧力の大きさに等しくなります。

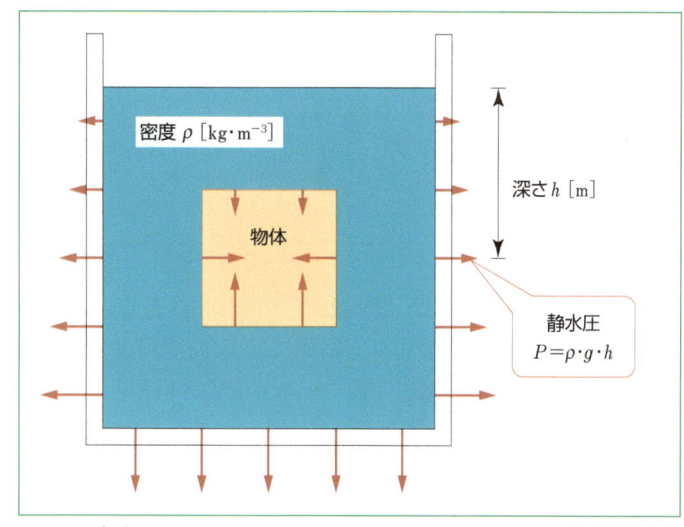

図 2-12　静水圧
水の深さ h [m] の点では、静水圧 $\rho \cdot g \cdot h$ が、物体の表面や容器の内面に対して垂直にはたらきます。ρ [kg·m^{-3}] は水の密度、g [m·s^{-2}] は重力加速度の大きさです。

　静止している水中で物体にはたらく力の大きさを考えます。物体の形状を直方体と仮定して、上面と下面の面積を A [m^2] とします。上面の深さを h_1 [m]、下面の深さを h_2 [m] とすると、物体の高さは $h = h_2 - h_1$ となります（**図 2-13**）。

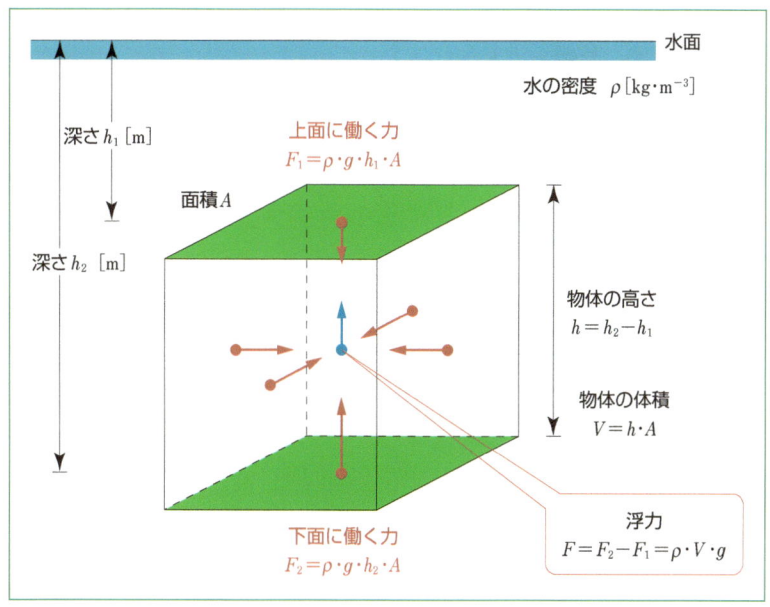

図 2-13　浮力
静止している密度 ρ [kg·m^{-3}] の水中において、体積 V [m^3] の物体には、大きさが $\rho \cdot V \cdot g$ の浮力が上向きにはたらきます。

2.1　力学

物体の表面にはたらく静水圧は、水の深さに比例します。物体の向かい合う側面にはたらく静水圧は、大きさが等しく、逆向きになります。物体の側面にはたらく力は、大きさが同じで逆向きなので、打ち消し合います。

　物体の上面には、静水圧が下向きにはたらきます。静水圧の大きさは、$P_1 = \rho \cdot g \cdot h_1$ です。下向きの静水圧により、物体の上面には、下向きの力がはたらきます。その力の大きさ F_1 [N] は、圧力が 1 m² の面にはたらく力の大きさであることを考えると、上面の面積が A [m²] なので、

$$F_1 = P_1 \cdot A = \rho \cdot g \cdot h_1 \cdot A$$

となります。

　一方、物体の下面には、静水圧が上向きにはたらきます。静水圧の大きさは、$P_2 = \rho \cdot g \cdot h_2$ です。上向きの静水圧により、物体には上向きの力がはたらきます。

　力の大きさ F_2 [N] は、下面の面積も上面の面積と同じく A [m²] なので、

$$F_2 = P_2 \cdot A = \rho \cdot g \cdot h_2 \cdot A$$

となります。

　物体の下面は、上面よりも深いので（$h_1 < h_2$）、下面にはたらく力は、上面より大きくなります（$F_1 < F_2$）。

　物体の下面にはたらく上向きの力は、上面にはたらく下向きの力よりも大きいので、物体には上向きの力がはたらきます。これを**浮力**といいます。

　物体にはたらく浮力の大きさ F [N] は、下面にはたらく力の大きさ F_2 [N] と、上面にはたらく力の大きく F_1 [N] の差に等しく、

$$F = F_2 - F_1 = (\rho \cdot g \cdot h_2 \cdot A) - (\rho \cdot g \cdot h_1 \cdot A) = \rho \cdot g \cdot A \cdot (h_2 - h_1) = \rho \cdot g \cdot h \cdot A = \rho \cdot V \cdot g$$

（$h_2 - h_1 = h$）　（$h \cdot A = V$）

と表せます。ここで $V = h \cdot A$ は、物体の体積です。

　静止している密度 ρ [kg·m⁻³] の水において、体積 V [m³] の物体にはたらく浮力の大きさ F [N] は、

$$F = m \cdot g = \rho \cdot V \cdot g$$

ということになります。

　物体にはたらく浮力の大きさは、物体が押しのけた水（質量 $\rho \cdot V$）にはたらく重力の大きさに等しくなります。これを**アルキメデスの原理**といいます。

> **例題 2-6**
> 静止している水中において、体積 5.00 cm³ の物体にはたらく浮力の大きさを求めなさい。ただし、水の密度 $\rho = 1.00 \times 10^3$ kg·m⁻³、重力加速度の大きさ $g = 9.81$ m·s⁻² とします。

解説

浮力の大きさは、$F = \rho \cdot V \cdot g$ で求めることができますから、この式に与えられている数値を代入しています。ただし、体積 5.00 cm³ になっているので、これを m³ に直して、5.00×10^{-6} m³ にしてから代入します。

$$F = \rho \cdot V \cdot g = (1.00 \times 10^3 \text{ kg·m}^{-3}) \times (5.00 \times 10^{-6} \text{ m}^3) \times (9.81 \text{ m·s}^{-2})$$
$$= 49.1 \times 10^{-3} \text{ kg·m·s}^{-2} = 4.91 \times 10^{-2} \text{ N}$$

（kg·m·s⁻² = N）

となります。
答：4.91×10^{-2} N

2.2 運動学

万有引力という重力理論を打ち立てたニュートンのもう 1 つの大きな仕事は、運動の法則を確立したことです（むしろ運動の法則から万有引力が導かれました）。ニュートンの定めた「運動の法則」は、次の 3 つからなります。

> (1) 外から力が作用しなければ、物体は静止したままか、等速直線運動をします。
> (2) 物体に力が作用すると、力の向きに加速度が生じます。加速度の大きさはその物体が受ける力の大きさに比例し、物体の質量に反比例します。
> (3) 2 つの物体の一方に力が作用すると、必ず他方の物体に大きさが同じ逆向きの力の反作用が生じます。

（1）は「**慣性の法則**」、（2）は「**運動の法則**」、（3）は「**作用・反作用の法則**」とよばれます。

なお、**等速直線運動**とは、直線上を一定の速さで動く運動のことをいいます。

2.2.1 慣性の法則

物体にはたらく力の総和がゼロの場合、物体の速度は変化しません。静止した物体は静止し続け、移動する物体は等速直線運動を続けます。これを**運動の第一法則**または**慣性の法則**といいます（図 2-14）。物体が一定の速度を保ち続けようとする性質を**慣性**といいます。通常、私

たちの暮らす世界で運動すると、必ず空気抵抗や摩擦力がはたらきます。そのため物体にはたらく力の総和はゼロになりません。その結果、移動する物体はやがて止まります。

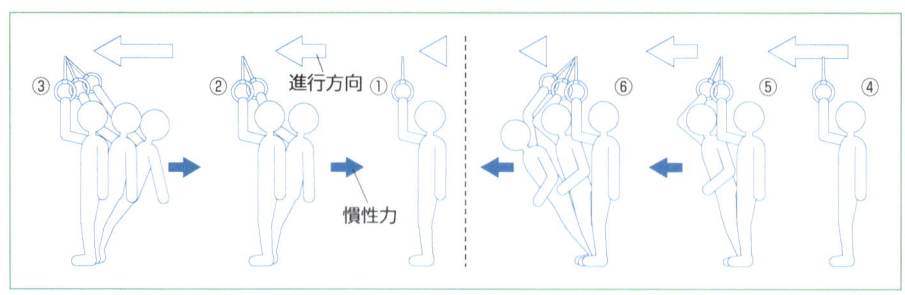

図 2-14 慣性の法則（運動の第1法則）
①止まっている電車がゆっくりと発進しても、中の人は同じ場所に止まり続けます。これが慣性の法則です。
②ところが、スピードをあげると、電車の床とともに人の足は前に動き、上体は後方に倒されます。
③電車のスピードをさらに加速すると、その倒れ方も大きくなります。
④電車が等速状態にあれば、中の人は慣性の法則で同じ位置にとどまり続けます。
⑤電車が急停車すると、電車の床とともに人の足は止まるので、前のめりになります。
⑥さらに大きくブレーキをかけると、体の倒れ方が大きくなります。

2.2.2 遠心力

　ある小球に糸を結び、その端を手にもって水平面内で振り回す運動を考えてみましょう。このように振り回すと、手は引っ張られる力を強く感じます。1つの円周上を常に一定の速さで回り続ける運動を**等速円運動**といいます。

　糸の先に付けられた物体が水平面内で等速円運動を

$$遠心力 F = m \cdot r \cdot \omega^2 = \frac{m \cdot v^2}{r}$$

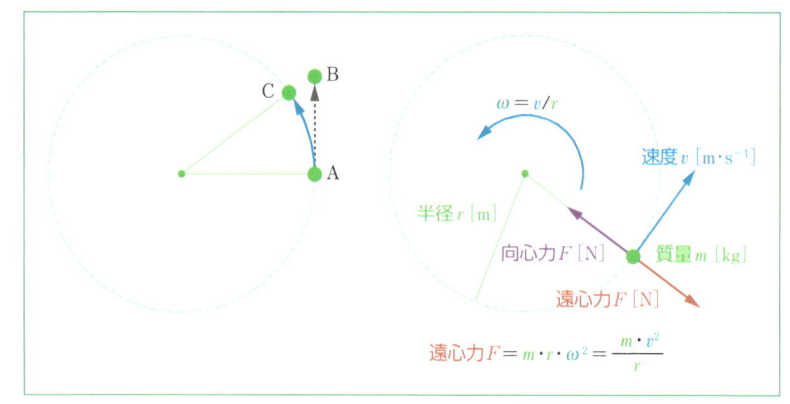

図 2-15 遠心力

している場合、小球は慣性によりA点からB点に移動するのに、糸による**向心力**によって引っ張られ、C点に移動します（図 2-15 左）。

　等速円運動している小球と同じ運動をしている人が、この小球を見ると、小球は静止しているように見えるはずです。糸による向心力が作用しているにもかかわらず、小球が静止するには、向心力と逆向きで同じ大きさの力が作用する必要があります。この見かけの力を**慣性力**といいます。円運動におけるこの慣性力を**遠心力**といいます（図 2-15）。

　等速円運動では、加速度は常に回転の中心に向いているので、遠心力は中心から物体を結んだ線上を円の外側に向く力として作用します。遠心力を利用した医療機器の1つに遠心分離器があります。

　半径 r [m] の質量 m [kg] の物体を回転半径 r [m]、角速度の大きさ ω [rad·s^{-1}] で回転すると、遠心加速度の大きさ $r \cdot \omega^2$ が発生します。このとき、物体にはたらく遠心力の大きさ

F [N] は、

$$F = m \cdot r \cdot \omega^2$$

で表すことができます。

角速度 ω の単位は $1\,\mathrm{rad \cdot s^{-1}}$ で、1秒間に 1 rad（約 57.3°）だけ回転する速さです。半径 r [m] の等速円運動での速度は $v = r \cdot \omega$ であり、加速度は $a = \dfrac{v^2}{r} = r \cdot \omega^2$ です。

2.2.3 運動の法則

物体にはたらく力がゼロでない場合、物体の速度が変化し、加速度が生じます。加速度の向きは、はたらく力の向きと同じ向きになります。加速度の大きさは、はたらく力の総和の大きさに比例し、物体の質量に反比例します（図 2-16）。これを**運動方程式**といいます。

物体にはたらく力の総和の大きさを F [N]、物体の質量を m [kg] とすると、物体に生じる加速度の大きさ a [$\mathrm{m \cdot s^{-2}}$] は、

$$a = \boxed{\dfrac{F}{m}}$$

（質量の倍率の逆数倍）

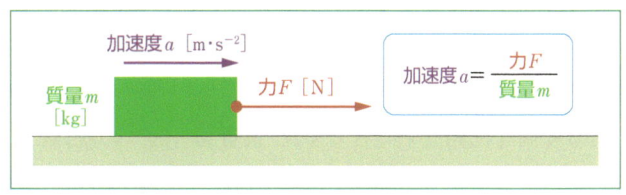

図 2-16　物体にはたらく力（の総和）と加速度
物体に力（の総和）がはたらくと、物体には加速度が生じます。加速度の大きさは、力（の総和）の大きさに比例し、質量に反比例します。

つまり、

$$\text{質量} \times \text{加速度} = \text{力} \qquad m \cdot a = F$$

で表されます。これを**運動の第二法則**または**運動の法則**といいます。

同じ大きさの力がはたらいた場合、質量の小さい物体ほど加速しやすく（加速度の大きさが大きく）、質量の大きい物体ほど加速しにくく（加速度の大きさが小さく）なります。また、物体にはたらく力の総和の大きさは、物体の質量と加速度の大きさの両方に比例します。

物体が常に一定の加速度で運動することを**等加速度運動**といいます。

> **例題 2-7**
> 初めは静止していた物体が $0.750\,\mathrm{m \cdot s^{-2}}$ の加速度を得て時間 $20.0\,\mathrm{s}$ 後に速さ $15.0\,\mathrm{m \cdot s^{-1}}$ になる等加速度運動をしました。物体の質量が $100\,\mathrm{g}$ の場合、この物体にはたらいた力の大きさを求めなさい。

解説

　この物体の加速度は、速さがはじめ 0 m·s^{-1} から 20.0 s 経過して 15.0 m·s^{-1} に変化したので、1 s あたりに換算すると (15.0−0)/20.0 ＝ ＋0.750 m·s^{-2} です。正符号なので、加速度の大きさも 0.750 m·s^{-2} です。

　物体の質量は 100 g ＝ 0.100 kg です。

　この物体にはたらいた力の大きさを F [N] とすると、運動の第二法則から 0.750 ＝ F/0.100 の関係が成立し、

$$F = (0.750 \text{ m·s}^{-2}) \times (0.100 \text{ kg}) = 0.0750 \text{ kg·m·s}^{-2} = 0.0750 \text{ N}$$

になります。

答：0.0750 N

　地表付近にあるすべての物体には、大きさが物体の質量に比例する重力がはたらきます（はたらく向きは鉛直下向きです）。質量 m [kg] の物体にはたらく重力の大きさは $m \cdot g$ です。重力以外の力がはたらかなければ、物体は鉛直下向きに運動します。この運動を**落下運動**といいます。向きを符号で表すために、鉛直下向きを正符号で表せば、物体にはたらく力の総和は、$F = +m \cdot g$ なので、落下運動する物体の加速度 a [m·s^{-2}] は、

$$a = \frac{F}{m} = \frac{+m \cdot g}{m} = +g$$

になります。

　物体に生じた加速度は正符号なので、鉛直下向きになります。その大きさは、重力加速度（の大きさ）g [m·s^{-2}] に等しくなり、物体の質量に無関係で一定になります。物体の落下運動は、鉛直下向きで大きさが $g = 9.81$ m·s^{-2} の加速度をもつ等加速度運動になります。

　物体からそっと手を放すと、物体は初速度 $v_0 = 0$ m·s^{-1} で鉛直下向きに落下し始めます。このような運動を**自由落下運動**といいます。自由落下運動での時刻 t [s] での速度 v [m·s^{-1}] は、$v = a \cdot t + v_0$ ならびに $a = +g$ より、

$$v = (+g) \cdot t = +g \cdot t$$

と表されます。正符号なので、物体の速度は鉛直下向きに 1 秒間に速さが 9.81 m·s^{-1} の割合で増加します。

　物体が自由落下運動するならば、時間とともに物体の速度の大きさは増加し、10 秒後には 98.1 m·s^{-1} の速さになります。

　しかしながら、上空から降ってくる雨粒は、長時間落下運動し続けますが、その速さは 10 m·s^{-1} 以下です。雨粒の運動は自由落下運動ではなく、重力以外の力がはたらきます。物体が空気中を移動するとき、その物体には**空気抵抗**（厳密には粘性抵抗）がはたらきます（図 2-17）。空気抵抗の向きは、物体が移動する向きと常に逆向きです。空気抵抗の大きさは、物体の速さに比例します。物体の速さを v [m·s^{-1}] とすると、空気抵抗の大きさ F [N] は、

$$F = b \cdot v$$

と表されます。b は比例定数で粘性抵抗係数[1]といいます。

1) 半径 r の球体が粘性率（粘度ともいう）η（イータ）の空気中を移動するとき、$b = 6\pi \cdot r \cdot \eta$ と表されます。

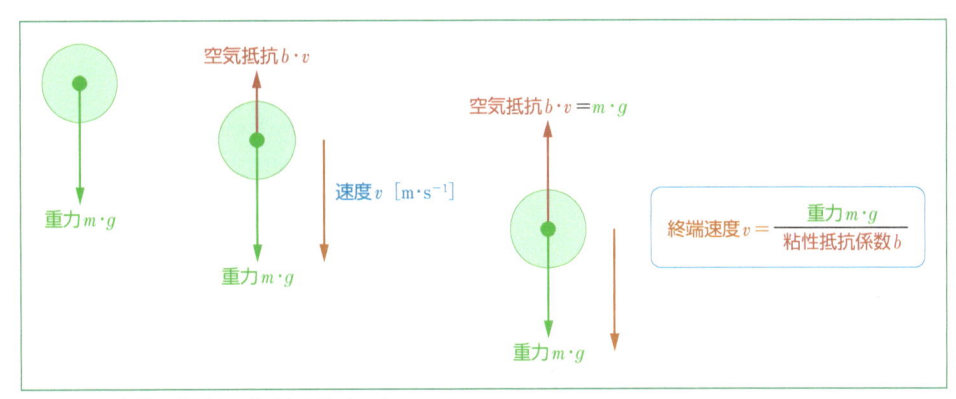

図 2-17　空気中を落下する物体にはたらく力
空気中を落下する物体には鉛直上向きに大きさ $b \cdot v$ の空気抵抗がはたらきます。

　鉛直下向きを正符号で表すと、この雨滴にはたらく力は、$+m \cdot g$ と表される重力と、$-b \cdot v$ と表される空気抵抗（向きは鉛直上向きなので負符号）になります。したがって、雨滴にはたらく力の総和 F [N] は

$$\begin{aligned} F &= (+m \cdot g) + (-b \cdot v) \\ &= m \cdot g - b \cdot v \end{aligned}$$

となります。

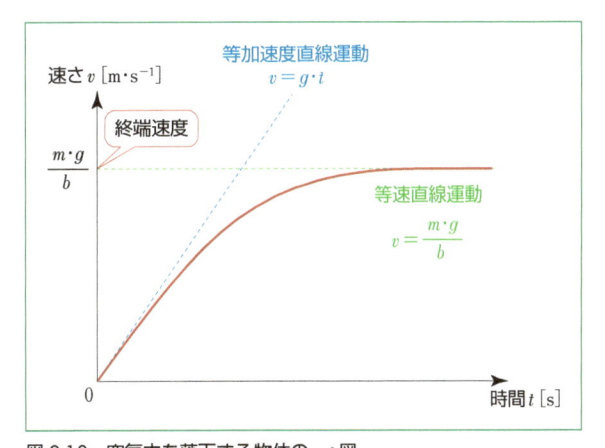

図 2-18　空気中を落下する物体の v-t 図
物体の速さが小さく、空気抵抗が無視できる間は、物体の運動は等加速度運動（斜めの点線）をします。空気抵抗が大きくなり、物体の速さが終端速度の大きさになると、重力と空気抵抗はつり合って、物体は等速直線運動（時間軸と平行な点線）をします。

　始めに速さ 0 m·s^{-1} で落下し始めた雨滴は、重力によって生じる加速度で加速され、その速さ v [m·s^{-1}] は大きくなっていきます。しかしながら、その増加とともに空気抵抗の大きさも大きくなります。

　最終的には、重力の大きさ $m \cdot g$ と、空気抵抗の大きさ $b \cdot v$ が同じになり、力の総和 F [N] がゼロになります。その結果、この状態の雨滴の加速度も 0 m·s^{-2} となって、雨滴の速さはそれ以上増加しなくなります。この状態の雨滴は、鉛直下向きに等速直線運動を行い、その速さを**終端速度**の大きさといいます。

　終端速度の大きさ v [m·s^{-1}] は、$F = m \cdot g - b \cdot v = 0$ より、

$$v = \frac{m \cdot g}{b}$$

2.2　運動学

と表されます。

　空気中を落下する物体の速さ v [m·s^{-1}] を縦軸に、時間 t [s] を横軸にプロットしたグラフ（v-t 図）は、図 2-18 のようになります。物体の速さが小さく、空気抵抗が無視できる間は、物体は等加速度運動をします。物体の速さが終端速度の大きさに達すると、重力の大きさと空気抵抗の大きさは同じになり、物体は等速直線運動を行うようになります。

> **例題 2-8**
> 　質量が 0.500 ng = 0.500×10^{-9} kg である雨滴が空気中を落下運動する場合、その終端速度の大きさを求めなさい。ただし、速さ v [m·s^{-1}] の雨滴にはたらく空気抵抗の大きさは $b \cdot v$ と表され、$b = 1.70 \times 10^{-8}$ kg·s^{-1} とします。

解説

有効数字を考えて、重力加速度の大きさを $g = 9.81$ m·s^{-2} とします。この雨滴の質量は、$m = 0.500 \times 10^{-9}$ kg $= 5.00 \times 10^{-10}$ kg ですから、その終端速度の大きさ v [m·s^{-1}] は、

$$v = \frac{m \cdot g}{b} \text{ より、}$$

$$v = \frac{(5.00 \times 10^{-10} \text{ kg}) \times (9.81 \text{ m·s}^{-2})}{1.70 \times 10^{-8} \text{ kg·s}^{-1}} = 2.89 \times 10^{-1} \text{ m·s}^{-1} = 0.289 \text{ m·s}^{-1}$$

になります。

答：0.289 m·s^{-1}

2.2.4　作用・反作用の法則

　物体が固定された壁に衝突すると、物体が壁を押すと同時に壁は物体を押し返し、物体は逆向きにはね返ります（図 2-19）。このとき、「物体が壁を押す力」と「壁が物体を押す力」は、大きさが等しく、逆向きになります。2 つの物体が互いに及ぼしあう力は、大きさが等しく、逆向きになります。これを **運動の第三法則** または **作用・反作用の法則** といいます。

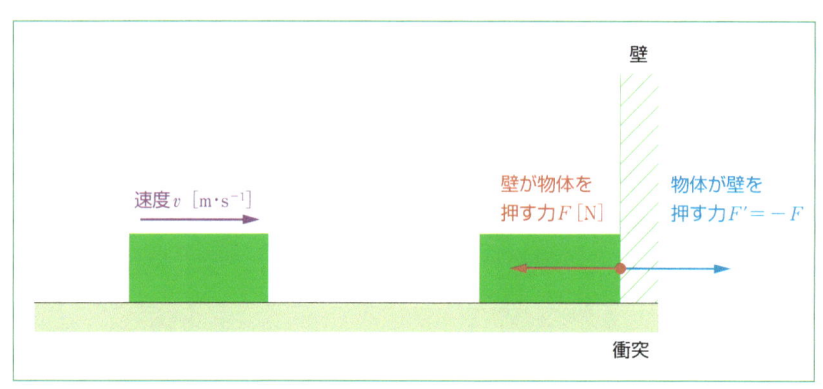

図 2-19　物体と固定された壁の衝突
「物体が壁を押す力」と「壁が物体を押す力」は、大きさが等しく、逆向きになります。

物体が壁に衝突したときの衝撃は、質量が大きくて速い物体ほど大きく、質量が小さくて遅い物体ほど小さくなります。物体の運動の勢いを表す物理量を**運動量**といいます。運動量は、大きさと向きをもつベクトル量です。運動量の向きは、速度の向きと同じ向きにとります。物体の質量を m [kg]、速度を v [m·s^{-1}] とすると、運動量 p [kg·m·s^{-1}] は、

$$運動量＝質量×速度 \qquad p = m \cdot v$$

と定義されます。

　運動量の大きさは、物体の質量と速さの積に比例します。つまり、質量が大きいほど運動量の大きさも大きくなり、物体が速く移動すればそれだけ運動量の大きさも大きくなります。まさに物体が壁に衝突した場合の衝撃を表す量になっています。

　物体が壁に衝突したときの運動量の変化について考えましょう。衝突前の物体の速度を v [m·s^{-1}]、衝突後の物体の速度を v' [m·s^{-1}] とします（図2-20）。物体と壁が接触していた時間（力がはたらいた時間）を Δt [s] とすると、衝突により物体に生じた加速度 a [m·s^{-2}] は速度の変化を Δv [m·s^{-1}] とすれば、$a = \Delta v / \Delta t$ となります。この場合 $\Delta v = v' - v$ なので、

$$a = \frac{v' - v}{\Delta t}$$

で表されます。

　物体の質量を m [kg] とし、壁が物体を押す力を F [N]（向きは速度と同じく符号で表す）とし、物体に生じる加速度を a [m·s^{-2}] とすれば、運動の第二法則より、$m \cdot a = F$ の関係が成立するので、上記の関係式は、

$$m \cdot a = m \cdot \frac{v' - v}{\Delta t} = \frac{m \cdot v' - m \cdot v}{\Delta t} = F$$

になります。

　衝突前の物体の運動量は $m \cdot v$ [kg·m·s^{-1}]、衝突後の物体の運動量は $m \cdot v'$ [kg·m·s^{-1}] ですから、衝突前後の運動量の変化は、

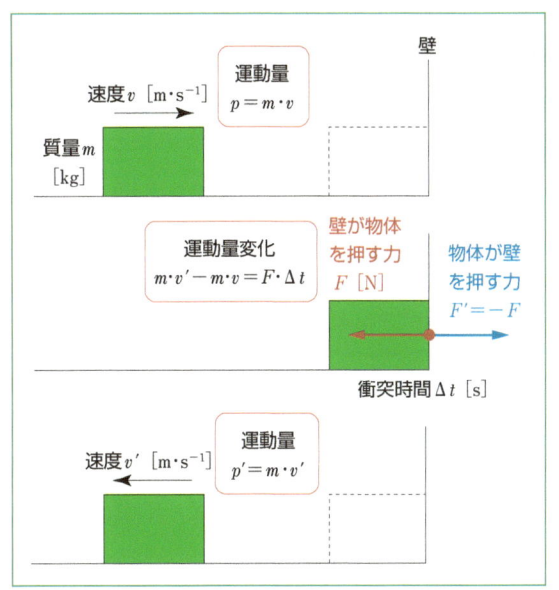

図2-20　物体が固定された壁に衝突した場合の運動量の変化
衝突前後の運動量の変化は、力積 $F \cdot \Delta t$ に等しくなります。

$$m \cdot v' - m \cdot v = \boxed{F \cdot \Delta t}$$

- 物体にはたらく力 → F
- 力積 → $F \cdot \Delta t$
- 物体にはたらいた時間 → Δt

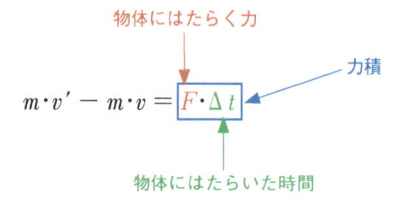

で表されます。

物体にはたらく力 F [N] と、力がはたらいた時間 Δt [s] の積 $F \cdot \Delta t$ [kg·m·s^{-1}] を**力積**といいます。物体が壁に衝突した場合、衝突前後の運動量の変化は、力積に等しくなります。

> **例題 2-9**
> 速度 15.0 m·s^{-1} で移動する質量 100 g の物体が別の物体に衝突し、時間 20.0 s 後に静止した場合、物体への力積の大きさはいくらでしょうか。ただし、衝突の間、物体は等加速度運動をしています。

解説

物体が移動する向きを正符号で表すと、衝突前の運動量は

$$m \cdot v = (0.100 \text{ kg}) \times (15.0 \text{ kg·m·s}^{-1}) = 1.50 \text{ kg·m·s}^{-1}$$

であり、衝突後に物体は静止 ($v' = 0$ m·s^{-1}) したので、その運動量は

$$m \cdot v' = 0 \text{ kg·m·s}^{-1}$$

です。

運動量の変化は、

$$m \cdot v' - m \cdot v = (0 \text{ kg·m·s}^{-1}) - (1.50 \text{ kg·m·s}^{-1}) = -1.50 \text{ kg·m·s}^{-1}$$

となります。

一方、物体が等加速度運動する場合、この物体の加速度は、時間 20.0 s で速度の変化が $(0 - 15.0)$ m·s^{-1} $= -15.0$ m·s^{-1} です。

そのため、時間 1 s あたりに換算して $(-15.0 \text{ m·s}^{-1}) / (20 \text{ s}) = -0.750$ m·s^{-2} の速度変化になります。したがって、その加速度は -0.750 m·s^{-2} となります。

運動の第二法則 ($m \cdot a = F$) より、この加速度を生じさせる力は $F = (0.100 \text{ kg}) \times (-0.750 \text{ m·s}^{-2}) = -0.0750$ kg·m·s^{-2} です。

この力がはたらいた時間は $\Delta t = 20.0$ s なので、その力積は、

$$F \cdot \Delta t = (-0.0750 \text{ kg·m·s}^{-2}) \times (20.0 \text{ s}) = -1.50 \text{ kg·m·s}^{-1}$$

になります。

力積が負符号になるのは、物体の移動していた向きと力のはたらく向きが逆向きであることを表しています。この例からも、運動量の変化が力積に等しいことが示されています。

答：1.50 kg·m·s^{-1}

第3章

エネルギー

3.1 仕事

　世の中にはいろいろな仕事がありますが、物理学の仕事はたった1つです。物体に力がはたらくと、物体は移動します（図 3-1）。物理学の**仕事**は、「何ニュートンの大きさの力で物体を力の向きに何メートル移動させたか」です。仕事の単位は、大きさ 1 N の力で物体が力の向きに 1 m 移動した場合を基準にして、その量を 1 **J**（**ジュール**）といいます。力の大きさが F [N]、力の向きに沿った移動距離が d [m] であれば、その仕事 W [J] は、

$$\text{仕事} = \text{力の大きさ} \times \text{移動距離} \qquad W = F \cdot d$$

となります。

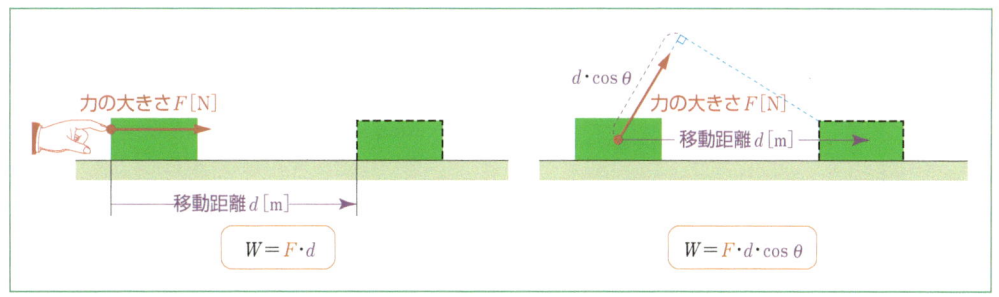

図 3-1　仕事の定義
物体がされた仕事 W [J] は、力の大きさ F [N] と移動距離 d [m] の両方に比例します。

　仕事の国際単位は、ジュール J で、

$$1\,\text{J} = 1\,\text{N·m} = 1\,\text{kg·m}^2\text{·s}^{-2} \quad (\because \text{N} = \text{kg·m·s}^{-2})$$

です。ジュールは、仕事の単位ですが、エネルギーや熱量の単位でもあります。

　大きさ F [N] の力の向きと移動の向きのなす角度が θ の場合には、大きさ F [N] の力の向きへの移動距離 d [m] は、$d \cdot \cos\theta$ なので、大きさ F [N] の力が物体にした仕事 W [J] は、

$$W = F \cdot d \cdot \cos\theta$$

となります。

物体を鉛直上向きに持ち上げる場合の仕事について考えましょう。質量 m [kg] の物体には、鉛直下向きに大きさ $m \cdot g$ の重力がはたらくので、物体を鉛直上向きに持ち上げるには最低 $F = m \cdot g$ の大きさの力が必要になります（図 3-2）。その力で物体を地面から高さ h [m] まで持ち上げる場合の移動距離は $d = h$ ですから、その仕事 W [J] は、

$$W = F \cdot d = (m \cdot g) \times (h) = m \cdot g \cdot h$$

になります。

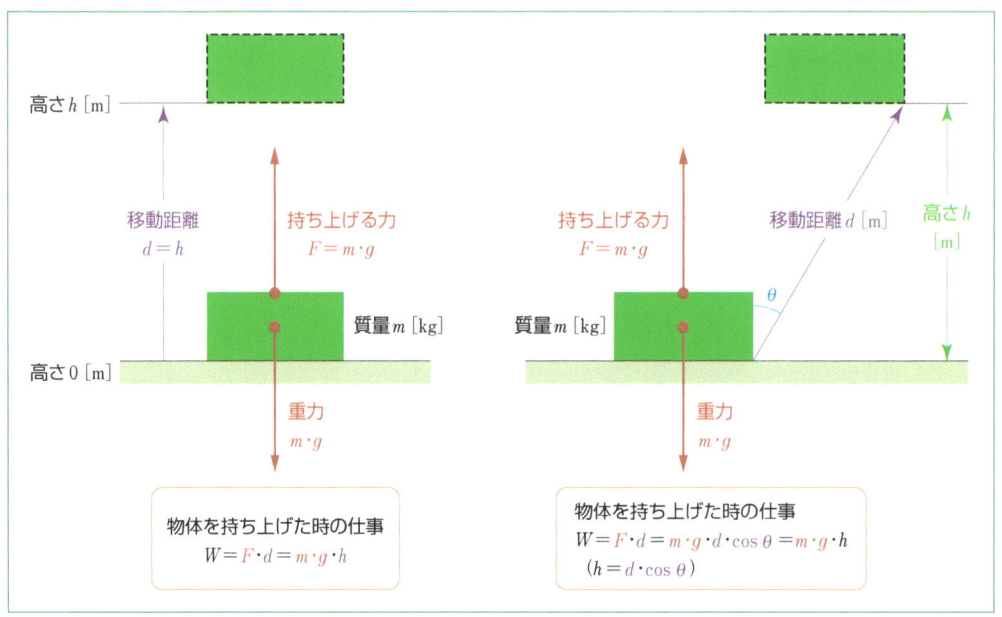

図 3-2 物体を持ち上げたときの仕事
質量 m [kg] の物体を地面から高さ h [m] まで持ち上げた場合の仕事は、$m \cdot g \cdot h$ になります。

例題 3-1

100 g の物体を地面から高さ 1.00 m まで持ち上げた場合の仕事を求めなさい。ただし、重力加速度の大きさを $g = 9.81$ m·s^{-2} とします。

解説

質量 $m = 0.100$ kg の物体を持ち上げるのに必要な力の大きさは、
$$F = m \cdot g = (0.100 \text{ kg}) \times (9.81 \text{ m·s}^{-2}) = 0.981 \text{ kg·m·s}^{-2} = 0.981 \text{ N}$$
です。

地面から高さ 1.00 m まで持ち上げるので、その移動距離は $d = 1.00$ m です。したがって、その仕事 W [J] は

$$W = F \cdot d = (0.981 \text{ N}) \times (1.00 \text{ m}) = 0.981 \text{ N·m} = 0.981 \text{ J}$$

になります。

100 g の物体を地面から 1.00 m 持ち上げると、その仕事は約 1 J になるということです。

答：0.981 J

弾性体の仕事

ばねを伸ばす場合の仕事について考えましょう。ばね定数 k [N·m^{-1}] のばねが長さ x [m] だけ伸びると、ばねが縮もうとする向きに大きさ $k \cdot x$ の弾性力がはたらきます。このとき、バネの伸びを保つのに必要な力の大きさも $F = k \cdot x$ です (図 3-3)。

ばねを伸ばす力の大きさは、ばねの伸びに比例しますので、物体の移動距離をばねの伸び x [m] と考えると、物体を持ち上げる場合の力の大きさと異なり、一定ではありません。

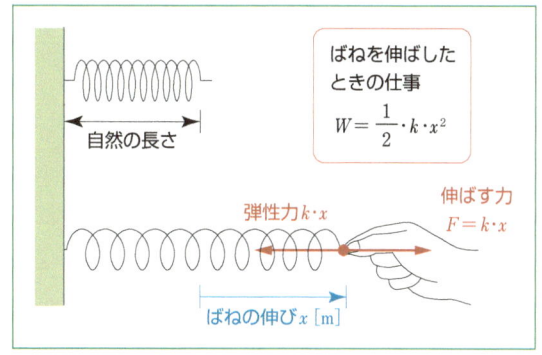

図 3-3 ばねを伸ばす場合の仕事
弾性定数 k [N·m^{-1}] のばねを距離 x [m] 伸ばした場合の仕事は $1/2 \cdot k \cdot x^2$ になります。

ばね定数 k [N·m^{-1}] のばねを距離 x [m] 伸ばした場合の仕事 W [J] は、

$$W = \frac{1}{2} \cdot k \cdot x^2$$

になります。

例題 3-2

ばね定数 40.0 N·m^{-1} のばねを 10.0 cm 伸ばした場合の仕事を求めなさい。

解説

ばね定数は $k = 40.0$ N·m^{-1} で、距離 $x = 0.100$ m 伸ばした場合、その仕事 W [J] は、

$$W = \frac{1}{2} \cdot k \cdot x^2 = \frac{1}{2} \times (40.0 \text{ N·m}^{-1}) \times (0.100 \text{ m})^2 = 0.200 \text{ N·m} = 0.200 \text{ J}$$

になります。

答：0.200 J

3.2 仕事率

同じ仕事をするにしても、すばやく仕事をすることもあれば、ゆっくり仕事をすることもあります。時間 1 秒（単位時間）の間にした仕事を**仕事率**（または**パワー**）といいます。仕事率が大きいほど、すばやく仕事をすることになります。

所要時間 t [s] の間に仕事 W [J] をした場合、その仕事率 P [W] は、

$$\text{仕事率} = \frac{\text{仕事}}{\text{所要時間}} \qquad P = \frac{W}{t}$$

になります。

仕事率の国際単位は、単位時間 1 s 当たりに単位仕事 1 J をする量で、これを 1 **W**（**ワット**）といいます。

$$\boxed{1\ \text{W} = 1\ \text{J}\cdot\text{s}^{-1} = 1\ \text{kg}\cdot\text{m}^2\cdot\text{s}^{-3}}$$

です。ワットは、単位時間あたりのエネルギー消費量や電力消費量の単位にも用いられます。電力の場合は、1 V の電圧において 1 A の電流が流れる場合に消費される電力が 1 W であり、1 W = 1 V·A = 1 J·s^{-1} （∴ V = m^2·kg·s^{-3}·A^{-1}）
です。

例題 3-3

質量 5.00 kg の物体を地面から高さ 10.0 m まで、時間 30.0 s で持ち上げた場合の仕事率を求めなさい。ただし、重力加速度の大きさを $g = 9.81$ m·s^{-2} とします。

解説

質量 $m = 5.00$ kg の物体を地面から高さ $h = 10.0$ m まで持ち上げた場合の仕事 W は、

$$W = m\cdot g\cdot h = (5.00\ \text{kg}) \times (9.81\ \text{m}\cdot\text{s}^{-2}) \times (10.0\ \text{m}) = 4.91\ \text{kg}\cdot\text{m}^2\cdot\text{s}^{-2} = 4.91 \times 10^2\ \text{J}$$

です。

この仕事を時間 $t = 30$ s で行ったので、この場合の仕事率 P [W] は、

$$P = \frac{W}{t} = \frac{4.91 \times 10^2\ \text{J}}{30.0\ \text{s}} = 16.4\ \text{J}\cdot\text{s}^{-1} = 16.4\ \text{W}$$

になります。

答：16.4 W

3.3 位置エネルギー

物体が落下した場合の仕事について考えましょう。質量 m [kg] の物体には、鉛直下向きに大きさ $m \cdot g$ の重力がはたらきます。高さ h [m] から地面まで落下すると、その力の向きに移動する距離は、h [m] となります。

持ち上げる力と重力の向きは逆向きなので、鉛直下向きを負符号で表すと重力は $-m \cdot g$ となります。

力の向きを符号で表した場合、直線上をその力で物体が移動すると、仕事はその力と変位の積になります。すなわち、重力の仕事は $(-m \cdot g) \times (-h) = m \cdot g \cdot h$ となります。

これは重力に逆らって物体を持ち上げる場合の仕事と同じです。いいかえれば、高さ h [m] にある質量 m [kg] の物体に対して、重力は $m \cdot g \cdot h$ の仕事をする能力があるといえます。

仕事をする能力を**エネルギー**といいます。とくに、高さなどの位置だけで決まるエネルギーを**位置エネルギー**または**ポテンシャルエネルギー**といいます。

高さ h [m] にある質量 m [kg] の物体の重力による位置エネルギー U [J] は、

$$U = m \cdot g \cdot h$$

と表されます（図 3-4）。

質量 m [kg] の物体を地面から高さ h [m] の位置まで持ち上げる場合の仕事は、$m \cdot g \cdot h$ です。高さ h [m] にある質量 m [kg] の物体の重力による位置エネルギーも同じく $m \cdot g \cdot h$ です。物体を持ち上げた場合の仕事は、重力による位置エネルギーに等しくなります。

重力による位置エネルギーの単位は、仕事の単位と同じなので、

$$\boxed{1\,\mathrm{J} = 1\,\mathrm{kg \cdot m^2 \cdot s^{-2}}}$$

です。

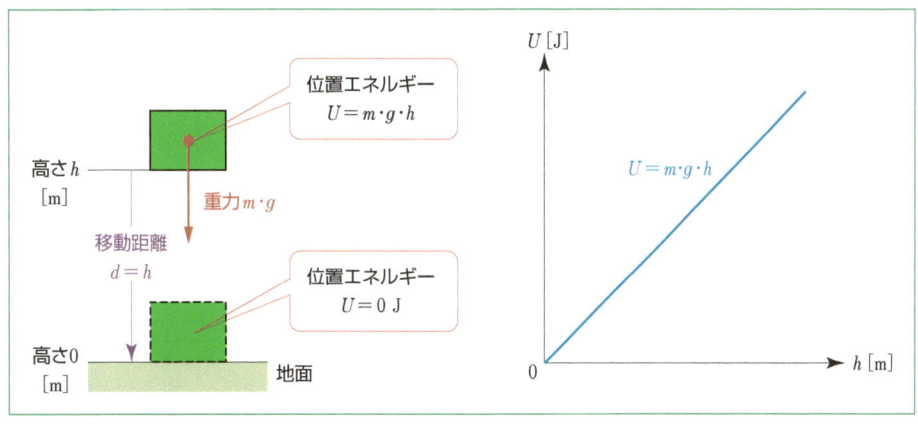

図 3-4 重力による位置エネルギー
縦軸を位置エネルギー U [J]、横軸を高さ h [m] としたグラフを描くと、位置エネルギー U [J] は高さ h [m] に比例することがわかります。

例題 3-4

高さ 1.00 m の位置にある 100 g の物体の重力による位置エネルギーを求めなさい。ただし、重力加速度の大きさを $g = 9.81$ m·s^{-2} とします。

解説

地面から高さ $h = 1.00$ m の位置にある質量 $m = 0.100$ kg の物体の重力による位置エネルギー U [J] は、

$$U = m \cdot g \cdot h = (0.100 \text{ kg}) \times (9.81 \text{ m·s}^{-2}) \times (1.00 \text{ m}) = 0.981 \text{ kg·m}^2\text{·s}^{-2} = 0.981 \text{ J}$$

になります。

答：0.981 J

地面から高さ 1 m の位置にある質量 100 g の物体が仕事をする能力、すなわち、重力による位置エネルギーは約 1 J です。

物体が、垂直に落下しても、斜めに落下しても、物体が落下した経路によらず、重力がした仕事は、始点と終点の高さだけで決まります。このように仕事が経路によらず、始点と終点の位置だけで決まる力を**保存力**といいます。重力は保存力の1つです。保存力がした仕事は、始点と終点の位置エネルギーの差に等しくなります。

例題 3-5

100 g の物体の高さが地面より 1.00 m の位置から 50.0 cm の位置まで下がった場合、重力のした仕事を求めなさい。ただし、重力加速度の大きさを $g = 9.81$ m·s^{-2} とします。

解説

地面より高さ $h_A = 1.00$ m の位置（A 点）にある質量 $m = 0.100$ kg の物体がもつ重力による位置エネルギーは例題 3-4 から、$U_A = 0.981$ J です。高さ $h_B = 50.0$ cm の位置（B 点）にある質量 $m = 0.100$ kg の物体がもつ重力による位置エネ

位置エネルギー
$U_A = m \cdot g \cdot h_A$
質量 m [kg]
A
高さ $h_A = h_B + h$
重力 $m \cdot g$
高さ h [m]
$U_B = m \cdot g \cdot h_B$
B
高さ h_B [m]

自由落下

斜面上の落下
d [m]
重力 $m \cdot g$
高さ h [m]

重力がした仕事
$W = U_A - U_B = m \cdot g \cdot h_A - m \cdot g \cdot h_B$
$\quad = m \cdot g \cdot (h_A - h_B)$
$h_A - h_B = h$ より
$W = m \cdot g \cdot h$

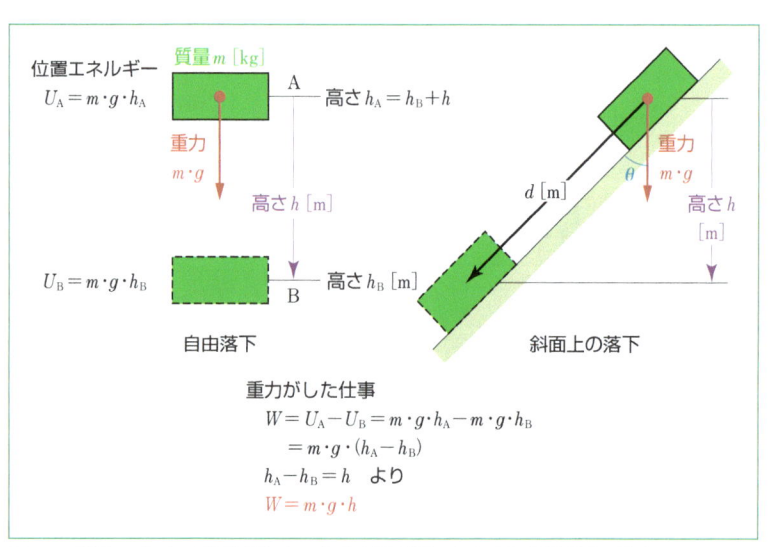

図 3-5　質量 m [kg] の物体が高さ h [m] だけ落下したときに重量がする仕事

ギー U_B [J] は、図 3-5 から、

$$U_B = m \cdot g \cdot h_B = (0.100 \text{ kg}) \times (9.81 \text{ m} \cdot \text{s}^{-2}) \times (0.500 \text{ m}) = 0.491 \text{ kg} \cdot \text{m}^2 \cdot \text{s}^{-2} = 0.491 \text{ J}$$

です。
　重力がした仕事 W [J] は、A 点と B 点の重力による位置エネルギーの差に等しく、

$$W = U_A - U_B = (0.981 \text{ J}) - (0.491 \text{ J}) = 0.490 \text{ J}$$

となります。
答：0.490 J

弾性体の位置エネルギー

　高い所にある物体が重力による位置エネルギーをもつように、伸びたばねも弾性力による位置エネルギーをもちます。ばねを伸ばした場合の仕事は、弾性力による位置エネルギーに等しくなります。
　ばね定数 k [N·m^{-1}] のばねを距離（長さ）x [m] 伸ばした場合の仕事は $1/2 \cdot k \cdot x^2$ なので、長さ x [m] だけ伸びたばね定数 k [N·m^{-1}] のばねがもつ弾性力による位置エネルギー U [J] も同じく、

$$U = \frac{1}{2} \cdot k \cdot x^2$$

になります（図 3-6）。

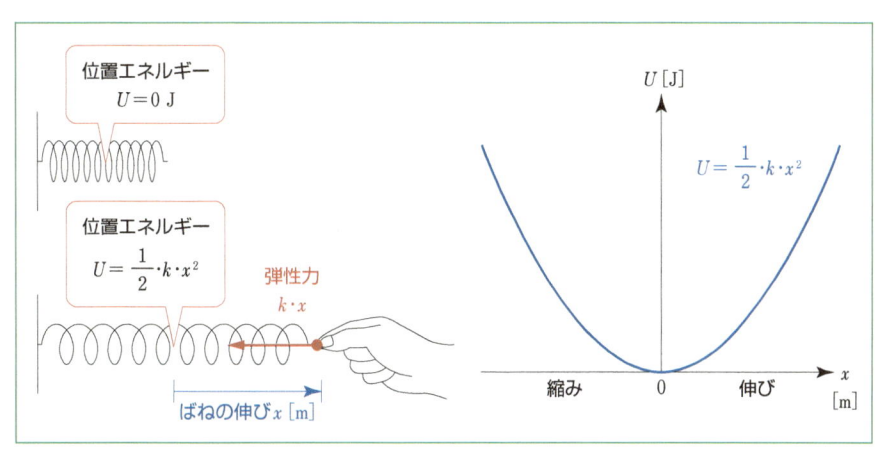

図 3-6　弾性力による位置エネルギー
長さ x [m] 伸びたばね定数 k [N·m^{-1}] のばねの弾性力による位置エネルギーは $1/2 \cdot k \cdot x^2$ です。伸びを正符号で表せば、縮みは負符号で表されます。弾性力による位置エネルギーは長さ x [m] の 2 乗に比例します。長さ x [m] に符号をつけて伸び縮みを表しても 2 乗すると符号は正符号になり、位置エネルギーも同じく正符号になります。

> **例題 3-6**
> 10.0 cm 伸びたばねの弾性力による位置エネルギーを求めなさい。ただし、ばね定数 k は 40.0 N·m^{-1} とします。

解説

ばね定数が $k = 40.0$ N·m^{-1} のばねが長さ $x = 0.100$ m 伸びた場合、弾性力による位置エネルギー U [J] は、

$$U = \frac{1}{2} \cdot k \cdot x^2 = \frac{1}{2} \times (40.0 \text{ N·m}^{-1}) \times (0.100 \text{ m})^2 = 0.200 \text{ N·m} = 0.200 \text{ J}$$

になります。
答：0.200 J

3.4 運動エネルギー

3.4.1 直線運動の運動エネルギー

運動する物体は、ほかの物体に衝突すると、ほかの物体を加速させたり、変形させたりして仕事をすることができます。このように、運動する物体がもつ仕事をする能力を**運動エネルギー**といいます。

質量 m [kg] の物体が速さ v [m·s^{-1}] のとき、この物体の運動エネルギー K [J] は、

$$K = \frac{1}{2} \cdot m \cdot v^2$$

で表されます。この式から、運動エネルギーは速度 v [m·s^{-1}] で運動する質量 m [kg] の物体がもつ仕事をする能力であることがわかります。

位置エネルギーが物体の位置だけで決まるエネルギーであるのに対し、運動エネルギーは物体の速度で決まるエネルギーです。速度の向きを符号で表すと、速度の2乗は速さ（速度の絶対値）の2乗に等しいので、物体がもつ運動エネルギーは速さの2乗と質量に比例するエネルギーになります。

> **例題 3-7**
> 速さ 10.0 m·s^{-1} で運動している物体の運動エネルギーを求めなさい。ただし、物体の質量は 100 g とします。

解説

質量が m [kg]、速さが $|v|$ [m·s^{-1}] で運動している物体の運動エネルギー K [J] は、

$$K = \frac{1}{2} \cdot m \cdot v^2 = \frac{1}{2} \cdot m \cdot |v|^2$$

なので、質量 $m = 0.100$ kg、速さ $|v| = 10.0$ m·s^{-1} をそれぞれ上の式に代入していきます。その運動エネルギー K [J] は、

$$K = \frac{1}{2} \times (0.100 \text{ kg}) \times (10.0 \text{ m·s}^{-1})^2 = 5.00 \text{ kg·m}^2\text{·s}^{-2} = 5.00 \text{ J}$$

になります。
答：5.00 J

物体に力がはたらくと、物体が変形しなければ、運動の第二法則より物体には加速度が生じて、物体の速度が変化します。そのため、物体の運動エネルギーも変化します。

物体の速さが v_A [m·s^{-1}] から v_B [m·s^{-1}] に変化した場合、物体にはたらいた力 F [N] がした仕事 W [J] は運動エネルギーの変化量に等しく、

$$W = K_B - K_A = \frac{1}{2} \cdot m \cdot v_B^2 - \frac{1}{2} \cdot m \cdot v_A^2$$

になります（図 3-7）。

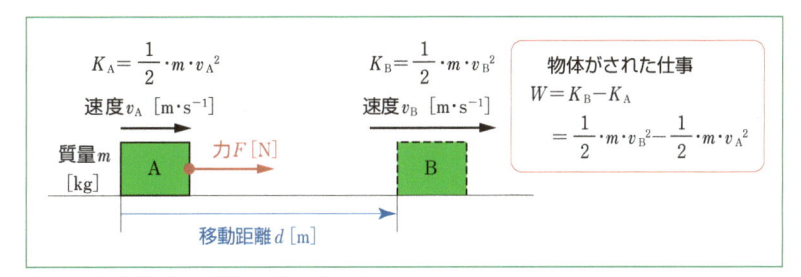

図 3-7　物体がされた仕事と運動エネルギー
物体に力 F [N] がはたらいて、物体の速度が変化した場合、物体がされた仕事と運動エネルギーの変化量は等しくなります。

例題 3-8

100 g の物体の速度が $+10.0$ m·s^{-1} から $+20.0$ m·s^{-1} まで増加した場合、物体にされた仕事を求めなさい。

解説

変化前の速度は $v_A = +10.0$ m·s^{-1} で、変化後の速度は $v_B = +20.0$ m·s^{-1} です。物体の質量は $m = 0.100$ kg なので、物体にされた仕事 W [J] は、

$$W = \frac{1}{2} \cdot m \cdot v_B^2 - \frac{1}{2} \cdot m \cdot v_A^2$$

$$= \frac{1}{2} \times (0.100 \text{ kg}) \times (+20.0 \text{ m·s}^{-1})^2 - \frac{1}{2} \times (0.100 \text{ kg}) \times (+10.0 \text{ m·s}^{-1})^2$$

$$= 15.0 \text{ kg·m}^2\text{·s}^{-2} = 15.0 \text{ J}$$

になります。
答：15.0 J

3.4.2 回転運動の運動エネルギー

物体が回転運動するときにも、物体は運動エネルギーをもっています。物体の回転の大きさを表す量には、**角速度**の大きさ ω [rad·s^{-1}]（単位時間あたりに回転する角度）を用います。ここで、図 3-8 のような、質量分布が一様な棒を回転軸に垂直に重心を通るようにして角速度の大きさ ω [rad·s^{-1}] で回転させた場合の運動エネルギーを考えてみます。

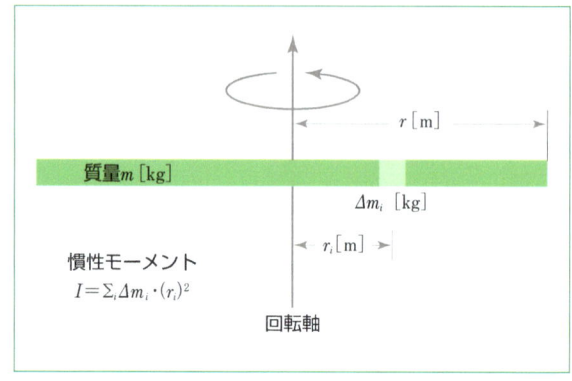

図 3-8 一様な棒の回転

物体の各部位は、異なる速さで回転していますから、物体の質量 Δm_i [kg] の微小な部分に分割し、微小な部分の回転運動エネルギーを計算し、それらのすべて合算することで全体の運動エネルギーを求めることができます。

質量 Δm_i [kg] の微小な部分の回転軸からの距離を r_i [m] とすると、物体の各部位は同じ角速度の大きさ ω [rad·s^{-1}] で回転しているので、距離 r_i [m] の部分の速さ v_i [m·s^{-1}] は、

$$v_i = r_i \cdot \omega$$

となって、Δm_i [kg] 部分の回転運動エネルギー K_i [J] は、

$$K_i = \frac{1}{2} \cdot \Delta m_i \cdot (r_i \cdot \omega)^2$$

となります。

棒全体の回転運動エネルギー K [J] は、質量 Δm_i [kg] の微小な部分の回転運動エネルギー K_i [J] の総和ですから、すべてを足し合わせると求まります。

$$K = \Sigma_i K_i = \Sigma_i \frac{1}{2} \cdot \Delta m_i \cdot (r_i \cdot \omega)^2 = \frac{1}{2} \cdot (\Sigma_i \Delta m_i \cdot (r_i)^2) \cdot \omega^2 \quad \cdots ①$$

となります。ここで、和をとる部分だけをまとめて I [kg·m^2] とおくと、

$$I = \Sigma_i \Delta m_i \cdot (r_i)^2 \quad \cdots ②$$

です。この式で $\Sigma_i \Delta m_i \cdot (r_i)^2$ は、**慣性モーメント**とよばれる量です。慣性モーメントは、力の

モーメントが加わったときの回転運動状態の変化のしにくさや止まりにくさを表す量です。

回転運動エネルギー K [J] は、②式を①式に代入することで、

$$K = \frac{1}{2} \cdot I \cdot \omega^2$$

となります。

回転運動の運動エネルギー $1/2 \cdot I \cdot \omega^2$ も速さ v [m・s^{-1}] →角速度の大きさ ω [rad・s^{-1}]、質量 m [kg] →慣性モーメント I [kg・m^2] に置き換えれば、並進運動の運動エネルギー $\frac{1}{2} \cdot m \cdot v^2$ と同じ形になることがわかります。

位置エネルギー U [J] の剛体が角速度の大きさ ω [rad・s^{-1}] で回転運動しながら、速さ v [m・s^{-1}] で移動する場合、質量が m [kg] で、慣性モーメントが I [kg・m^2] ならば、その力学的エネルギー E [J] は、

$$E = \frac{1}{2} \cdot m \cdot v^2 + \frac{1}{2} \cdot I \cdot \omega^2 + U$$

となります。剛体では回転運動のエネルギーが必要になるので、同じ位置エネルギーの変化ならば、質点の場合より、運動エネルギーが小さくなり、速さも小さくなりゆっくりと移動することになります。

3.5　力学的エネルギー保存の法則

高い所にある物体が落下していくと、高さ h [m] が減少するので、重力による位置エネルギー $m \cdot g \cdot h$ が減少し、物体は加速され、速さ v [m・s^{-1}] が増加します。そのため、運動エネルギー $1/2 \cdot m \cdot v^2$ が増加します。

空気抵抗が無視できるときには、重力による位置エネルギーと運動エネルギーの和は一定であることを示すことができます。

$$\underbrace{\frac{1}{2} \cdot m \cdot v^2}_{\text{運動エネルギー}} + \underbrace{m \cdot g \cdot h}_{\text{位置エネルギー}} = \text{一定}$$

運動エネルギーと位置エネルギーの和を**力学的エネルギー**といいます。上記の式を**力学的エネルギー保存の法則**といいます。

ある量が保存するとは、時間が経過しても、その量は増加せず、減少もせず、一定であることを意味します。

質量 m [kg] の物体の位置が高さ h_A [m]（A 点）から h_B [m]（B 点）まで変化した場合、A 点の位置エネルギー $U_A = m \cdot g \cdot h_A$ と B 点の位置エネルギー $U_B = m \cdot g \cdot h_B$ の差は重力がした

仕事 W [J] と等しく、

$$W = U_A - U_B = m \cdot g \cdot h_A - m \cdot g \cdot h_B \quad \cdots ③$$

になります。物体の A 点での速度を v_A [m·s^{-1}]、B 点での速度を v_B [m·s^{-1}] とすれば、A 点と B 点の運動エネルギー K_A [J] と K_B [J] の差は、重力がした仕事 W [J] と等しいので、

$$W = K_B - K_A = \frac{1}{2} \cdot m \cdot v_B^2 - \frac{1}{2} \cdot m \cdot v_A^2 \quad \cdots ④$$

という関係が成立します。③式と④式より、重力がした仕事 W [J] を消去すると、力学的エネルギー保存の法則の式、

$$K_A + U_A = K_B + U_B, \text{ または、} \frac{1}{2} \cdot m \cdot v_A^2 + m \cdot g \cdot h_A = \frac{1}{2} \cdot m \cdot v_B^2 + m \cdot g \cdot h_B$$

（運動エネルギー）（位置エネルギー）（運動エネルギー）（位置エネルギー）

という関係式が得られます（図 3-9）。

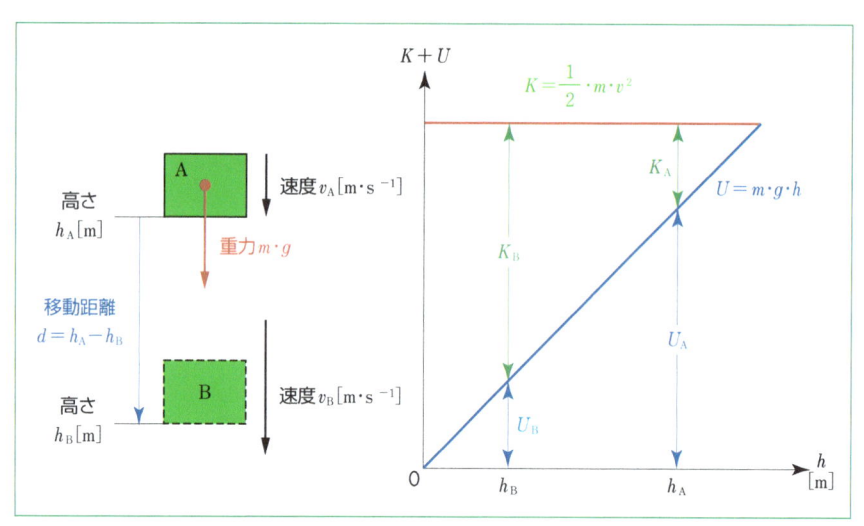

図 3-9 力学的エネルギー保存の法則
運動エネルギーと重力による位置エネルギーの和（力学的エネルギー）は一定になります。高さ $h = 0$ m での速度を v [m·s^{-1}] とすると、その点での力学的エネルギーは $1/2 \cdot m \cdot v^2 + m \cdot g \cdot 0 = 1/2 \cdot m \cdot v^2 = K$ となります。この値 $K = 1/2 \cdot m \cdot v^2$（右図の赤色な線分）は、B 点の力学的エネルギー $K_B + U_B$、A 点の力学的エネルギー $K_A + U_A$ と同じ値になります。

例題 3-9

100 g の物体に重力のみがはたらいて、高さが 1.00 m の位置から自由落下して、地面に達したとき、物体の速さを求めなさい。

解説

物体が自由落下する場合、その初速度は 0 m·s^{-1} でした。その高さ 1.00 m の位置を A 点と考えると、質量が $m = 0.100$ kg なので、その運動エネルギー K_A [J] は、

$$K_A = \frac{1}{2} \times (0.100 \text{ kg}) \times (0 \text{ m·s}^{-1})^2 = 0 \text{ kg·m}^2\text{·s}^{-2} = 0 \text{ J}$$

です。

$h_A = 1.00$ m ですから、A 点の位置エネルギー U_A [J] は、

$$U_A = (0.100 \text{ kg}) \times (9.81 \text{ m·s}^{-2}) \times (1.00 \text{ m}) = 0.981 \text{ kg·m}^2\text{·s}^{-2} = 0.981 \text{ J}$$

です。A 点の力学的エネルギー E_A [J] は、

$$E_A = K_A + U_A = 0 \,(\text{J}) + 0.981 \,(\text{J}) = 0.981 \text{ J}$$

になります。

地面の位置を B 点と考えると、その高さは $h_B = 0$ m ですから、その位置エネルギー U_B [J] は、

$$U_B = (0.100 \text{ kg}) \times (9.81 \text{ m·s}^{-2}) \times (0 \text{ m}) = 0 \text{ kg·m}^2\text{·s}^{-2} = 0 \text{ J}$$

となります。

B 点に達した物体の速度を v_B [m·s^{-1}]（速さは $|v_B|$）と考えると、その運動エネルギー K_B は、

$$K_B = \frac{1}{2} \cdot m \cdot |v_B^2| = \frac{1}{2} \times (0.100) \times |v_B|^2$$

となります。

B 点の力学的エネルギー E_B は、

$$E_B = K_B + U_B = \frac{1}{2} \cdot m \cdot |v_B|^2 + 0 = \frac{1}{2} \times (0.100) \times |v_B|^2$$

となります。

力学的エネルギー保存の法則により、A 点と B 点の力学的エネルギーは同じ値になるので、

$$0.981 \text{ J} = \frac{1}{2} \times (0.100) \times |v_B|^2$$

の関係が成立します。

この関係式より、地面に達したときの速さ $|v_B|$ [m·s^{-1}] は、

$$|v_B| = \sqrt{\frac{2 \times (0.981 \text{ J})}{0.100 \text{ kg}}} = \sqrt{19.62} \text{ m·s}^{-1} = 4.429 \text{ m·s}^{-1}$$

J = kg·m²·s⁻² $\sqrt{\text{m}^2 \cdot \text{s}^{-2}} = \text{m·s}^{-1}$

になります。

　有効数字が 3 桁と考えれば、地面に達したときの速さは 4.43 m·s⁻¹ になります。

答：4.43 m·s⁻¹

3.6　衝突と運動量、エネルギー

　物体どうしが衝突すると、物体の速度が変化し、物体の運動量や運動エネルギーが変化します（図 3-10）。

　物体 A と物体 B が衝突し接触していた時間を衝突時間 Δt [s] とします。その時間 Δt [s] のあいだ、物体 B から物体 A に力 F [N] がはたらいて、物体 A の速度が v_A [m·s⁻¹] から v_A' [m·s⁻¹] に変化した場合、物体 A の運動量の変化量は力積 $F \cdot \Delta t$ に等しく、物体 A の質量を m_A [kg] で表すと、

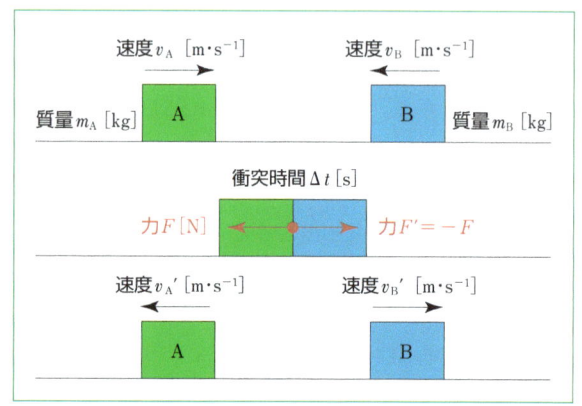

図 3-10　物体の衝突
物体どうしが衝突すると、互いに同じ大きさで逆向きの力がはたらき、物体の速度が変化します。

$$m_A \cdot v_A' - m_A \cdot v_A = F \cdot \Delta t \quad \cdots ⑤$$

になります。

　作用反作用の法則（運動の第三法則）より、物体 A と物体 B が接触していた時間 Δt [s] のあいだ、物体 A から物体 B に力 $F' = -F$（負符号は逆向きを表す）がはたらきます。

　その結果、物体 B の速度が v_B [m·s⁻¹] から v_B' [m·s⁻¹] に変化した場合、物体 B の運動量の変化は力積 $F' \cdot \Delta t = -F \cdot \Delta t$ に等しく、物体 B の質量を m_B [kg] と表すと、

$$m_B \cdot v_B' - m_B \cdot v_B = F' \cdot \Delta t = -F \cdot \Delta t \quad \cdots ⑥$$

になります。

　⑤式と⑥式から力積 $F \cdot \Delta t$ を消去すると、

$$m_A \cdot v_A + m_B \cdot v_B = m_A \cdot v_A' + m_B \cdot v_B'$$

という関係式が得られます。

この関係式の左辺は衝突前の物体 A と物体 B の運動量の和です。一方、右辺は衝突後の物体 A と物体 B の運動量の和です。

両辺が等しいということは、衝突前の運動量の和は衝突後の運動量の和に等しいことを意味し、運動量の和は、衝突前後で変化しないことを表しています。これを**運動量保存の法則**といいます。

> **例題 3-10**
> 速度 $+10.0\ \mathrm{m \cdot s^{-1}}$（正符号は向きを表す）で運動する $100\ \mathrm{g}$ の物体 A が、静止していた $200\ \mathrm{g}$ の物体 B に衝突し、物体 A は静止しました。衝突後の物体 B の速度を求めなさい。

解説

物体 A の質量は $m_\mathrm{A} = 0.100\ \mathrm{kg}$、衝突前の速度は $v_\mathrm{A} = +10.0\ \mathrm{m \cdot s^{-1}}$ なので、その運動量は、

$$m_\mathrm{A} \cdot v_\mathrm{A} = (0.100\ \mathrm{kg}) \times (+10.0\ \mathrm{m \cdot s^{-1}}) = +1.00\ \mathrm{kg \cdot m \cdot s^{-1}}$$

です。

物体 B の質量は $m_\mathrm{B} = 0.200\ \mathrm{kg}$、衝突前の速度は、静止していたので、$v_\mathrm{B} = 0\ \mathrm{m \cdot s^{-1}}$ です。その運動量は、

$$m_\mathrm{B} \cdot v_\mathrm{B} = (0.200\ \mathrm{kg}) \times (0\ \mathrm{m \cdot s^{-1}}) = 0\ \mathrm{kg \cdot m \cdot s^{-1}}$$

です。

衝突前の物体 A と物体 B の運動量の和は、

$$m_\mathrm{A} \cdot v_\mathrm{A} + m_\mathrm{B} \cdot v_\mathrm{B} = +(1.00\ \mathrm{kg \cdot m \cdot s^{-1}}) + (0\ \mathrm{kg \cdot m \cdot s^{-1}}) = +1.00\ \mathrm{kg \cdot m \cdot s^{-1}}$$

になります。

衝突後の物体 A の運動量は、静止したので、$m_\mathrm{A} \cdot v_\mathrm{A}' = 0\ \mathrm{kg \cdot m \cdot s^{-1}}$ です。衝突後の物体 B の速度を $v_\mathrm{B}'\ [\mathrm{m \cdot s^{-1}}]$ とおいた場合、その運動量は $m_\mathrm{B} \cdot v_\mathrm{B}' = (0.200\ \mathrm{kg}) \times v_\mathrm{B}'$ となります。

衝突後の物体 A と物体 B の運動量の和は、

$$m_\mathrm{A} \cdot v_\mathrm{A}' + m_\mathrm{B} \cdot v_\mathrm{B}' = (0\ \mathrm{kg \cdot m \cdot s^{-1}}) + (0.200\ \mathrm{kg}) \times (v_\mathrm{B}') = (0.200\ \mathrm{kg}) \times (v_\mathrm{B}')$$

になります。

運動量保存の法則より、衝突前後の物体 A と物体 B の運動量の和は等しく、

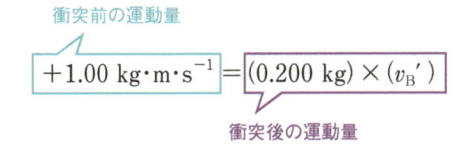

$$\underbrace{+1.00\ \mathrm{kg \cdot m \cdot s^{-1}}}_{\text{衝突前の運動量}} = \underbrace{(0.200\ \mathrm{kg}) \times (v_\mathrm{B}')}_{\text{衝突後の運動量}}$$

という関係が成立します。

この関係式より、衝突後の物体の速度 v_B' [m·s^{-1}] は、

$$v_B' = \frac{+1.00 \text{ kg·m·s}^{-1}}{0.200 \text{ kg}} = +5.00 \text{ m·s}^{-1}$$

になります。

符号が正符号なので、衝突後の物体 B の速度は衝突前の物体 A の速度と同じ向きになります。

答：$+5.00$ m·s^{-1}

物体どうしの衝突では、運動量保存の法則は常に成立しますが、力学的エネルギー保存の法則は必ずしも成立するとは限りません。

物体 A と物体 B が衝突し、接触しているあいだにはたらいた力の仕事が物体 A と物体 B の運動エネルギーのみを変化させる場合、物体 A と物体 B の運動エネルギーの和が衝突前後で等しく、

$$\frac{1}{2} \cdot m_A \cdot v_A^2 + \frac{1}{2} \cdot m_B \cdot v_B^2 = \frac{1}{2} \cdot m_A \cdot (v_A')^2 + \frac{1}{2} \cdot m_B \cdot (v_B')^2$$

という関係が成立します。

このような力学的エネルギー保存の法則が成立するような衝突を**弾性衝突**といいます。一方、物体 A と物体 B の運動エネルギーの和が衝突前後で異なる場合、力学的エネルギー保存の法則が成立しないような衝突を**非弾性衝突**といいます。

非弾性衝突の場合、物体 A と物体 B が接触していたあいだにはたらいた力の仕事は、物体 A と物体 B の形や内部状態を変化させ、衝突の前後での力学的エネルギーの変化量（衝突前の力学的エネルギーより衝突後の力学的エネルギーのほうが小さくなります）は、**熱**に変換されます。

例題 3-11

例題 3-10 の衝突は弾性衝突と非弾性衝突のいずれですか。非弾性衝突であれば、その失われた力学的エネルギーを求めなさい。

解説

物体 A の質量は $m_A = 0.100$ kg、衝突前の速度は $v_A = +10.0$ m·s^{-1} なので、その運動エネルギー K_A は、

$$K_A = \frac{1}{2} \cdot m_A \cdot v_A^2 = \frac{1}{2} \times (0.100 \text{ kg}) \times (+10.0 \text{ m·s}^{-1})^2 = 5.00 \text{ kg·m}^2\text{·s}^{-2} = 5.00 \text{ J}$$

です。物体 B の運動エネルギー K_B [J] は、静止していたので、$K_B = 0$ J です。

衝突前の物体 A と物体 B の運動エネルギーの和は、

$$K_\mathrm{A} + K_\mathrm{B} = 5.00 \text{ J} + 0 \text{ J} = 5.00 \text{ J}$$

になります。

衝突後の物体 A の運動エネルギー K_A' は、静止したので、$K_\mathrm{A}' = 0$ J です。

質量は $m_\mathrm{B} = 0.200$ kg の物体 B の運動エネルギー K_B' は、例題 3-10 より、その速度が $v_\mathrm{B}' = +5.00$ m·s^{-1} なので、

$$K_\mathrm{B}' = \frac{1}{2} \cdot m_\mathrm{B} \cdot (v_\mathrm{B}')^2 = \frac{1}{2} \times (0.200 \text{ kg}) \times (+5.00 \text{ m·s}^{-1})^2 = 2.50 \text{ kg·m}^2\text{·s}^{-2} = 2.50 \text{ J}$$

です。衝突後の物体 A と物体 B の運動エネルギーの和は、
$K_\mathrm{A}' + K_\mathrm{B}' = (0 \text{ J}) + (2.50 \text{ J}) = 2.50 \text{ J}$
となります。

物体 A と物体 B の運動エネルギーの和は衝突の前後で異なるので、この衝突は非弾性衝突になります。

また、物体 A と物体 B の運動エネルギーの和（力学的エネルギー）は衝突の前後で 2.50 J 減少します。

答：非弾性衝突、2.50 J の減少

第4章
熱力学

4.1 熱と熱量

物質が気体の状態にあるとき、物質を構成する分子は空間を自由に飛びまわります。気体分子のように、空間を自由に動きまわる乱雑な運動を**熱運動**といいます。温度が高いほど気体分子の熱運動は激しくなり、飛びまわる速度が速くなります。反対に、温度が低いほど気体分子の熱運動は穏やかになり、飛びまわる速度が遅くなります（図4-1）。

気体を構成する分子が運動エネルギーをもつことから、気体は分子の熱運動によるエネルギーをもちます。温度が高いほど分子の熱運動エネルギーは大きく、温度が低いほど分子の熱運動エネルギーは小さくなります。

温度が異なる物質どうしを接触させると、高温の物質は冷め、分子の熱運動エネルギーが減少します。反対に、低温の物質は温まり、分子の熱運動エネルギーが増加します（図4-2）。このとき、高温の物質から低温の物質に熱運動エネルギーが移動します。これを**熱伝導**といい、熱伝導によって移動するエネルギーを**熱**または**熱エネルギー**といいます。

熱伝導は、常に高温から低温に向かって起こります。両方の物質の温度が等しくなると、熱伝導は止まり、**熱平衡**に達します。

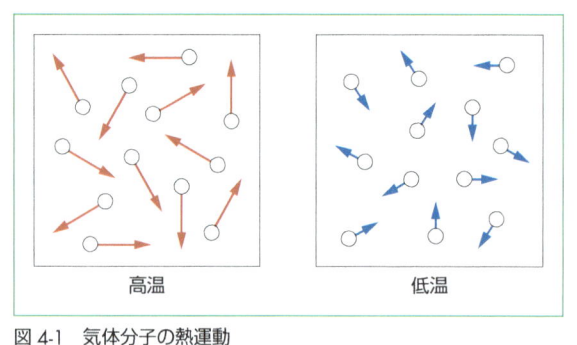

図4-1 気体分子の熱運動
温度が高いほど気体分子の熱運動は激しく、温度が低いほど気体分子の熱運動は穏やかになります。矢印は気体分子（○）の速度を表します。

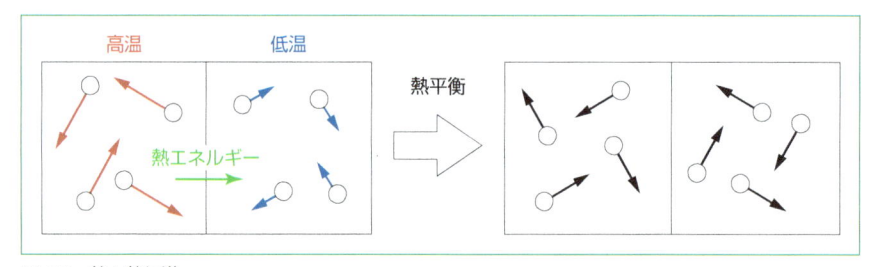

図4-2 熱と熱伝導
温度が異なる物質どうしを接触させると、高温の物質から低温の物質に熱が移動し、熱伝導が起こります。両方の物質の温度が等しくなると、熱伝導は止まり、熱平衡に達します。

ヒーターで物質を加熱すると、物質の温度が上がります。このとき、熱伝導によって、ヒーターから物質に熱が移動します。移動した熱の量を熱量といいます。
　物質が得た熱量 Q［J］は、物質の温度変化 ΔT［K］に比例し、

$$Q = C \cdot \Delta T$$

となります。K（ケルビン）は絶対温度の単位で、セルシウス温度［℃］の値に 273.15 を加えると絶対温度［K］の値になります。
　ここで、比例定数 C を熱容量といいます。熱容量の単位には、$J \cdot K^{-1}$（ジュール毎ケルビン）がよく用いられます。とくに、物質 1 g あたりの熱容量を比熱容量または比熱といいます。比熱容量の単位には、$J \cdot g^{-1} \cdot K^{-1}$（ジュール毎グラム毎ケルビン）がよく用いられます。
　比熱容量は、物質 1 g の温度を 1 K だけ上昇させるのに必要な熱量です。比熱容量 c［$J \cdot (g \cdot K)^{-1}$］の物質 m［g］の温度を ΔT［K］だけ上昇させるのに必要な熱量 Q［J］は、

$$Q = m \cdot c \cdot \Delta T$$

となります。
　比熱容量が大きい物質ほど、温度を 1 K だけ上昇させるのに、より多くの熱量を必要とします。水のような比熱容量が大きい物質ほど、熱しにくく、冷めにくくなります。反対に、金属のような比熱容量が小さい物質ほど、熱しやすく、冷めやすくなります。

> **例題 4-1**
> 100 g の水を 25.0 ℃（= 298.15 K）から 80.0 ℃（= 353.15 K）まで加熱するのに 23.0 kJ の熱量が必要なとき、水の比熱容量を求めなさい。

解説
100 g の水を 25.0 ℃（= 298.15 K）から 80.0 ℃（= 353.15 K）まで加熱するのに 23.0 kJ の熱量が必要なとき、水の比熱容量 c［$J \cdot g^{-1} \cdot K^{-1}$］は、

$$c = \frac{Q}{m \cdot \Delta T} = \frac{23.0 \times 10^3 \text{ J}}{(100 \text{ g}) \times (353.15 \text{ K} - 298.15 \text{ K})} = 4.18 \text{ J} \cdot \text{g}^{-1} \cdot \text{K}^{-1}$$

となります。
答：$4.18 \text{ J} \cdot \text{g}^{-1} \cdot \text{K}^{-1}$

　熱量の単位も、仕事やエネルギーと同じく J（ジュール）です。熱量の非 SI 単位には **cal**（**カロリー**）があります。1 cal は、1 g の水の温度を 1 K だけ上昇させるのに必要な熱量に等しく、1 cal = 4.18 J です。これを熱の仕事当量といいます。
　仕事 W［J］と温度上昇に相当する熱量 Q［cal］は、常に比例しており、次の関係式が成り

立ちます。

$$W = J \cdot Q$$

この比例定数 J の値は、$4.18 \text{ J} \cdot \text{cal}^{-1}$ で、これを熱の仕事当量といいます。

熱の仕事当量 $= 4.18 \text{ J} \cdot \text{cal}^{-1}$

容器に閉じ込められた気体分子は、容器内を自由に飛びまわり、絶えず容器の壁と衝突を繰り返しています。このとき、気体分子には衝突時間 Δt [s] に力 F [N] がはたらきます（図 4-3）。質量 m [kg] の気体分子の速度が v [m·s^{-1}] から v' [m·s^{-1}] まで変化したとき、気体分子の運動量の変化は力積 $F \cdot \Delta t$ [N·s] に等しく、

$$m \cdot v' - m \cdot v = F \cdot \Delta t$$

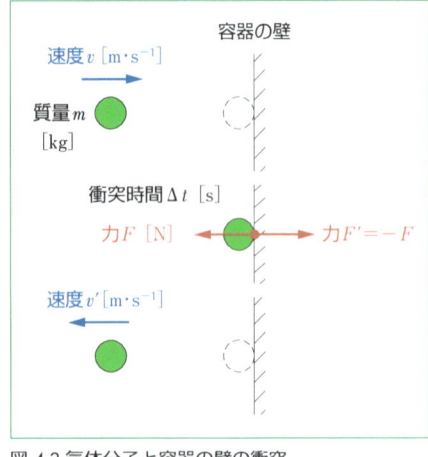

図 4-3 気体分子と容器の壁の衝突
気体分子が容器の壁と衝突すると、気体分子には衝突時間 Δt [s] に力 F [N] がはたらきます。一方、作用反作用の法則により、容器の壁には衝突時間 Δt [s] に力 F' [N] がはたらきます。

となります。

一方、作用反作用により、容器の壁には衝突時間 Δt [s] に力 $F' = -F$ がはたらきます。

分子 1 個の質量は非常に小さく、容器の壁にはたらく力はごくわずかです。しかし、1 mol（6.02×10^{23} 個）もの気体分子が衝突を繰り返すと、容器の壁にはたらく力は非常に大きなものになります。気体分子と容器の壁の衝突によって、容器の壁 1 m^2 あたりにはたらく力が気体の圧力です。

4.2 熱と物質の状態

物質を構成する分子は、その温度に応じた熱運動をしています。また、分子間には分子間力がはたらくため、温度により固体・液体・気体の状態をとります。これを**物質の三態**といいます（図 4-4）。

4.2.1 物質の三態

低温の状態では、物質を構成する分子の熱運動が小さいので、分子間力の影響が大きくなり、粒子は規則正しく配列して**固体**となります。分子は決まった位置を中心にわずかに熱振動しています。圧力や温度の変化による体積変化はきわめて小さく、形も変化しにくいという性質があります。

固体の状態より温度が高くなると、分子の熱運動も大きくなるので、一定の体積中に詰まっ

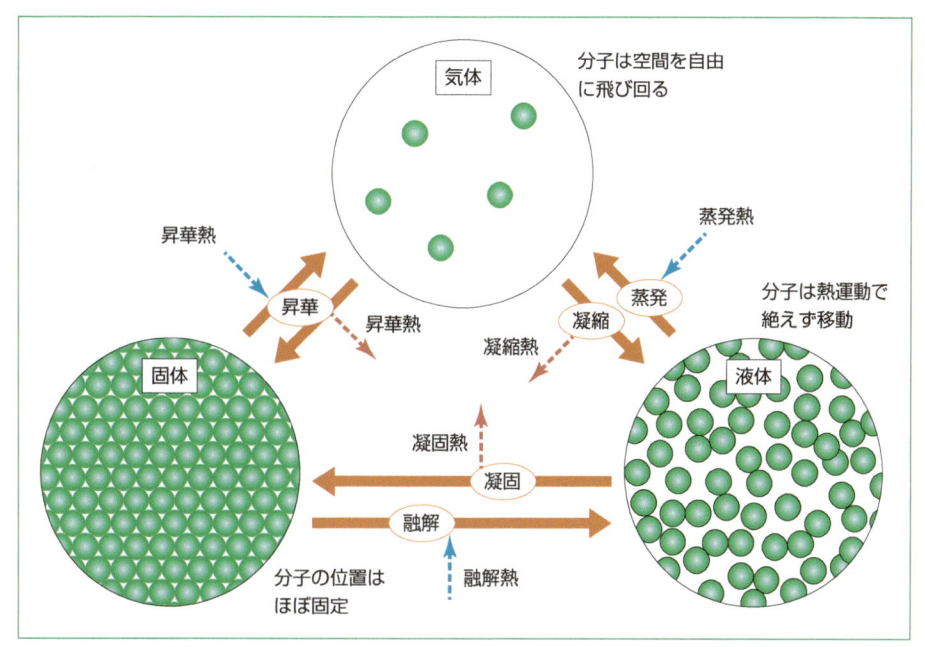

図 4-4 物質の状態変化

ていて互いに粒子間で引き合っている分子が、比較的自由な熱運動をして**液体**となります。別の分子からの分子間力の影響を受けながら、熱運動によってその位置を変えます。形は自由に変わりますが、体積はほぼ一定です。

さらに高温の状態では、分子の熱運動がさらに激しくなり、分子間力の影響が無視できるようになって、粒子は広い空間を自由に飛びまわるようになり、**気体**となります。当然、分子間距離も大きくなります。この状態では、圧力や温度によって体積が大きく変わります。

固体が融解し液体化する温度のことを**融点（融解点）**といいます。融点は同一の物質の固相（物体が固体である状態）と液相（物体が液体である状態）とが平衡を保って共存する温度で、凝固点に等しいです。圧力の変化に応じてその温度は変化しますが、ふつう 1 atm のときの値で示します。

また、大気の圧力と液体の飽和蒸気圧が等しくなる温度のことを**沸点（沸騰点）**といいます。厳密には、一定圧力のもとで飽和蒸気とその液体とが平衡を保って共存する温度で、ふつう 1 atm のときの温度をとることが多く、その物質の蒸気圧が 1 atm になる温度ともいえます。水の場合は、セ氏 100 ℃（正確には 99.974 ℃）です。圧力が低くなると沸点は下がります。

液体内部から分子が飛び出して気体になるためには、蒸気圧が外圧（通常は大気圧）以上になる必要があります。

4.2.2　潜熱と顕熱

固体が液体に変化することを**融解**といい、そのときの温度が融点（融解点）です。逆に、液体が固体に変化することを**凝固**といい、そのときの温度を**凝固点**といいます。融点と凝固点は、等しい値をとります（ただし、ガラスなどのように、一定の融点、凝固点を示さない物質もあります）。

状態変化において吸収・放出される熱には次のようなものがあります。固体が液体に変化するときに吸収される熱のことを**融解熱**といいます。また、液体が固体に変化するときに放出される熱のことを**凝固熱**といいます。

液体が気体に変化することを**蒸発（気化）**といい、逆に、気体が液体に変化することを**凝縮（液化）**といいます。

液体が気体に変化するときに吸収される熱のことを**蒸発熱（気化熱）**といいます。水の蒸発熱は、ほかの物質より大きく冷却効果が高いです。

気体が液体に変化するときに放出される熱のことを**凝縮熱**といいます。

固体が液体の状態を経ないで直接気体に変化することを**昇華**といいます。逆に、気体が液体の状態を経ないで直接固体に変化することも**昇華**といいます。

固体が気体に変化するときに吸収される熱、または、気体が固体に変化するとき放出される熱のことを**昇華熱**といいます。

融解熱や蒸発熱のように、物質の相変化を伴う熱量のことを一般的に**潜熱**といいます（表4-1）。その単位は、$1\,\text{J}\cdot\text{g}^{-1}$ がよく用いられます。物質の相を変えずに、温度を変化させるために費やされる熱量を**顕熱**といいます。

表4-1 物質の潜熱

物質	融点 [℃]	融解熱 [J·g⁻¹]	沸点 [℃]	蒸発熱 [J·g⁻¹]
水	0	325	100	2257
エタノール	−114.5	393	78.5	855
ジエチルエーテル	−116	327	34.6	392
水銀	357	285	−38.9	11.7
液体酸素	−182.96	213	−218.4	13.8
液体窒素	−195.8	199	−210	25.7

4.2.3 熱膨張

温度が上昇すると、分子間の距離が増大し、物体の長さや体積が増加する現象を**熱膨張**といいます。温度の上昇に応じて物体の長さが増加することを**線膨張**、体積が増加することを**体膨張**といいます。また、物体の熱膨張のしやすさの程度を表わす係数を**膨張率**といいます。膨張率は温度の逆数の次元をもち、単位は $1\,\text{K}^{-1}$ です。

温度の上昇に対応して長さが変化する割合を**線膨張率（線膨張係数）**といいます。また、体積の変化する割合を**体膨張率（体膨張係数）**といいます（表4-2）。線膨張率を $\alpha\,[\text{K}^{-1}]$、体膨張率を $\beta\,[\text{K}^{-1}]$ とすると、$\beta \fallingdotseq 3\alpha$ の関係があります。

$\alpha\,[\text{K}^{-1}]$ は線膨張率で温度差1 Kあたりの伸び率を表します。物体の伸びを $\Delta l\,[\text{m}]$、元の長さを $l_0\,[\text{m}]$、温度差を $t\,[\text{K}]$ としたときの線膨張率 $\alpha\,[\text{K}^{-1}]$ は、

$$\Delta l = \alpha \cdot l_0 \cdot t$$

で表せます。

表4-2 種々の線膨張率と体膨張率

物質	線膨張率 [10⁻⁶·K⁻¹]	物質	体膨張率 [10⁻³·K⁻¹]
鉄	12	水	0.21
銅	16.7	エタノール	1.120
アルミニウム	23	水銀	0.1819
鉛	29	エチルエーテル	1.656
ガラス	8〜10	ベンゼン	1.237

また、体膨張率 $\beta\,[\text{K}^{-1}]$ は、$t\,[\text{℃}]$ のときの体積を $V\,[\text{m}^3]$、0 ℃の時の体積を $V_0\,[\text{m}^3]$ とすれば、

$$V = V_0 \cdot (1 + \beta \cdot t)$$

で表せます。

4.3 理想気体の状態方程式

　分子間力（ファンデルワールス力）を無視し、分子の大きさも無視した理論上の気体を**理想気体**といいます。容器に閉じ込められた理想気体の圧力について考えましょう。容器の体積が大きくなると、気体分子と容器の壁の衝突回数が減るため、理想気体の圧力は下がります。温度が一定のとき、理想気体の圧力 P [Pa] は体積 V [m^3] に反比例し、

$$P \cdot V = 一定$$

となります。これを**ボイルの法則**といいます。
　温度が一定のとき、圧力と体積の関係は図 4-5 の P-V 図のような曲線になります。これを**等温線**といいます。
　温度が上がると、熱運動が激しくなるため、理想気体の圧力は上がります。圧力を一定に保つには、ボイルの法則により、理想気体の体積が膨張する必要があります。圧力が一定のとき、理想気体の体積 V [m^3] は温度 T [K] に比例し、

$$\frac{V}{T} = 一定$$

となります。これを**シャルルの法則**といいます。ここで、注意が必要です。温度 T はセルシウス（セ氏）温度ではなく、絶対温度 [K] です。

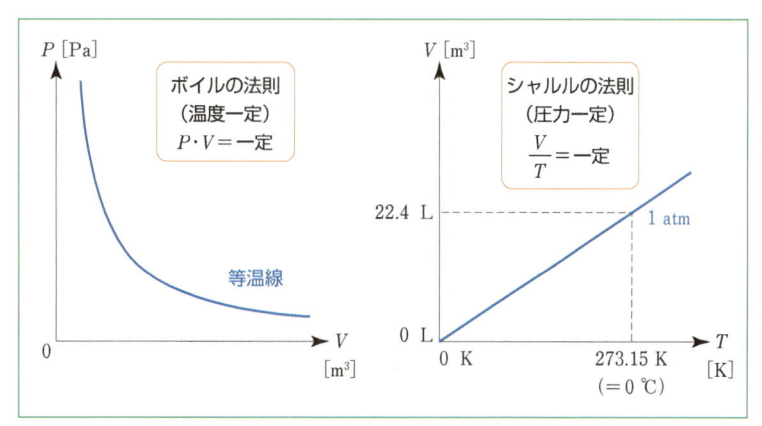

図 4-5　ボイルの法則とシャルルの法則
温度が一定のとき、理想気体の圧力は体積に反比例します（ボイルの法則）。
圧力が一定のとき、理想気体の体積は絶対温度に比例します（シャルルの法則）。

$$\boxed{\text{絶対温度／K ＝ セルシウス温度／℃ ＋ 273.15}}$$

絶対温度 0 K（＝−273.15℃）を**絶対零度**といいます。図 4-5 の V-T 図のように、理想気体ならば、絶対零度でその体積は 0（ゼロ）になります。現実の気体では、絶対零度になりえないので、その体積は計測できません。また、1 atm（＝ 1.013 Pa）、273.15 K（＝ 0 ℃）の理想気体 1 mol の体積は 22.40 L ＝ 2.240×10^{-2} m^3 になります。

ボイルの法則とシャルルの法則をあわせると、理想気体の圧力 P [Pa] と体積 V [m^3] と絶対温度 T [K] のあいだには、

$$\frac{P \cdot V}{T} = 一定$$

の関係が成り立ちます。これを**ボイル・シャルルの法則**といいます。

$P \cdot V/T$ の値は、気体分子の数を表す物質量 n [mol] に比例して大きくなるので、

$$\frac{P \cdot V}{T} = n \cdot R$$

と表すことができます。ここで、比例定数 R [J·K^{-1}·mol^{-1}] を**気体定数**といいます。この方程式を**理想気体の状態方程式**といいます。

理想気体の状態方程式 $P \cdot V = n \cdot R \cdot T$

$$\boxed{\text{気体定数 } R = 0.0820 \text{ atm·L·(K·mol)}^{-1} = 8.31 \text{ J·K}^{-1} \cdot \text{mol}^{-1}}$$

例題 4-2

圧力 1.66×10^5 Pa、温度 300 K、物質量 0.200 mol の理想気体が占める体積を求めなさい。ただし、気体定数を 8.31 J·K^{-1}·mol^{-1} とします。

解説

理想気体の状態方程式により、理想気体の体積 V [m^3] は、

$$V = \frac{n \cdot R \cdot T}{P} = \frac{(0.200 \text{ mol}) \times (8.31 \text{ J·K}^{-1} \cdot \text{mol}^{-1}) \times (300 \text{ K})}{1.66 \times 10^5 \text{ Pa}} = \frac{498.6 \text{ J}}{1.66 \times 10^5 \text{ Pa}}$$
$$= 3.00 \times 10^{-3} \text{ J·(Pa)}^{-1}$$

1 J ＝ 1 Pa·m^3 ですから、J·(Pa)$^{-1}$ は (Pa·m^3)/Pa と表せます。したがって、

$$V = 3.00 \times 10^{-3} \frac{\text{Pa·m}^3}{\text{Pa}} = 3.00 \times 10^{-3} \text{ m}^3$$

答：3.00×10^{-3} m^3

4.4 熱力学第一法則

4.4.1 内部エネルギー

物質の内部に蓄えられているエネルギーを**内部エネルギー**といいます。内部エネルギーは、分子の熱運動によるエネルギーと分子間力による位置エネルギーの総和です。温度が高いほど、気体分子の熱運動は激しくなり、理想気体の内部エネルギーが大きくなります。ヘリウムのような単原子分子の場合、物質量 n [mol] の理想気体の内部エネルギー U [J] は、絶対温度 T [K] に比例し、

$$U = \frac{3}{2} \cdot n \cdot R \cdot T$$

となります（R [J·K^{-1}·mol^{-1}] は気体定数）。

理想気体の内部エネルギーは、物質量が一定であれば、温度だけで決まるエネルギーです。温度が変化しなければ、内部エネルギーも変化しません。

4.4.2 定容変化

体積を一定に保ちながら、物質の状態が変化することを**定容変化**または**定積変化**といいます。物質を加熱すると、物質は外部から熱を吸収して、内部エネルギーが増加します（図4-6）。

定容変化において物質が得た熱量を Q_V [J] とすると、内部エネルギーの変化量 ΔU [J] は、

$$\Delta U = Q_V$$

となります。

物質の外部から熱を吸収（**吸熱**）するとき、Q_V [J] は正の値になり、内部エネルギーが増加します。反対に、物質の外部に熱を放出（**発熱**）するとき、Q_V [J] は負の値になり、内部エネルギーが減少します。

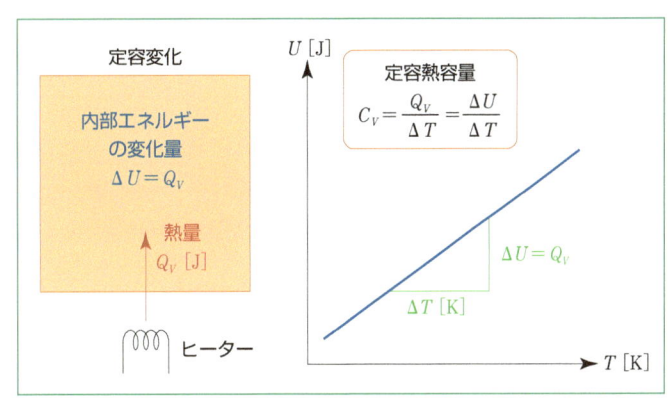

図4-6 定容変化における熱量と内部エネルギーの関係
定容変化では、物質の内部エネルギーの変化量は、物質が得た熱量に等しくなります。

定容変化における熱容量を**定容熱容量**または**定積熱容量**といいます。定容熱容量は、体積一定のもと、物質の温度を 1 K だけ上昇させるのに必要な熱量です。熱量 Q_V [J] を加えると温度が ΔT [K] だけ変化する物質の定容熱容量 C_V [J·K^{-1}] は、

$$C_V = \frac{Q_V}{\Delta T} = \frac{\Delta U}{\Delta T}$$

となります。定容熱容量は、図 4-6 の U–T 図の傾きに等しくなります。

> **例題 4-3**
> 単原子分子の理想気体 1.00 mol の定容熱容量を求めなさい。

解説
単原子分子の理想気体の内部エネルギーは、

$$U = \frac{3}{2} \cdot n \cdot R \cdot T$$

です。定容変化において、温度が ΔT [K] だけ変化したときの内部エネルギー変化を ΔU [J] とすると、

$$\Delta U = \frac{3}{2} \cdot n \cdot R \cdot \Delta T$$

となります。
したがって、単原子分子の理想気体 1.00 mol の定容熱容量は、

$$C_V = \frac{Q_V}{\Delta T} = \frac{\Delta U}{\Delta T} = \frac{3}{2} \cdot n \cdot R = \frac{3}{2} \times (1.00 \text{ mol}) \times (8.31 \text{ J}\cdot\text{K}^{-1}\cdot\text{mol}^{-1}) = 12.5 \text{ J}\cdot\text{K}^{-1}$$

となります。
答：$12.5 \text{ J}\cdot\text{K}^{-1}$

物質量 1 mol あたりの熱容量を**モル熱容量**（**モル比熱**）といいます。とくに、定容変化におけるモル熱容量を**定容モル熱容量**または**定積モル熱容量**といいます。単原子分子の理想気体の定容モル熱容量は、

$$C_V = \frac{3}{2} \cdot R = 12.5 \text{ J}\cdot\text{K}^{-1}\cdot\text{mol}^{-1}$$

となります。

4.4.3 断熱変化

ふたが動く容器に気体を閉じ込めて、気体の圧力が一様になるようにふたを押すと気体が圧縮され、ふたを引くと気体が膨張します。このとき、力を加えてふ

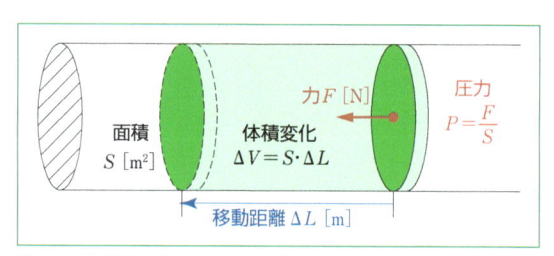

図 4-7 気体を圧縮したときの仕事
気体を圧縮したときの仕事は、圧力と体積変化の積に等しくなります。

たを移動させるので、気体に仕事をしたことになります。

力 F [N] を加えて、ふたの位置を ΔL [m] だけ移動させたときの仕事は $W = F \cdot \Delta L$ [J] です（図 4-7）。

ふたの面積を S [m^2] とすると、ふたに加わる圧力は $P = F/S$ [Pa] です。

また、ふたの位置が ΔL [m] だけ移動すると、容器の体積は $\Delta V = S \cdot \Delta L$ [m^3] だけ変化します。

圧力 P [Pa] と体積変化 ΔV [m^3] の積は、

$$P \cdot \Delta V = \frac{F}{S} \cdot S \cdot \Delta L = F \cdot \Delta L = W$$

となり、仕事 W [J] に等しくなります。

通常は、気体を圧縮（$\Delta V < 0$）したとき、気体の内部エネルギーが増加するので、その仕事が正の値になるように、また逆に気体を膨張（$\Delta V > 0$）させたときの仕事が負の値になるように、仕事の符号を決めます。

したがって、圧力 P [Pa] を加えて、容器の体積を ΔV [m^3] だけ変化させたときの仕事 W [J] は、

$$W = -P \cdot \Delta V$$

となります。

例題 4-4

1.00 atm の圧力を加えて、容器の体積を 1.00 L だけ減少させたときの仕事を求めなさい。

解説

1.00 atm の圧力は、1.013×10^5 Pa ですが、ここでは有効数字が 3 桁なので、1.01×10^5 Pa として計算します。また、1.00 L は 0.00100 m^3 なので、1.00×10^{-3} m^3 になります。気体を圧縮したときの仕事 W [J] は、

$$W = -P \cdot \Delta V = (-1.01 \times 10^5 \text{ Pa}) \times (-1.00 \times 10^{-3} \text{ m}^3) = 101 \text{ Pa} \cdot \text{m}^3 = 101 \text{ J}$$

となります。

答：101 J

容器の壁の中身を真空や断熱材にすると、熱伝導はさえぎられ、熱が移動できなくなります。熱が移動することなく、物質の状態が変化することを**断熱変化**といいます。容器のふたを押して気体を圧縮すると、気体がされた仕事は気体の熱運動エネルギーに変わり、内部エネルギーが増加します。断熱変化では、物質の内部エネルギー変化 ΔU [J] は、物質がされた仕

事 W [J] に等しく、

$$\Delta U = W$$

となります。断熱変化では、気体を圧縮すると（**断熱圧縮**）、内部エネルギーは増加し、気体の温度が上がります。反対に、気体を膨張させると（**断熱膨張**）、内部エネルギーは減少し、気体の温度が下がります（図 4-8）。

一般的に、内部エネルギーの変化量 ΔU [J] は、物質が得た熱量 Q [J] と物質がされた仕事 W [J] の和に等しく、

$$\Delta U = Q + W$$

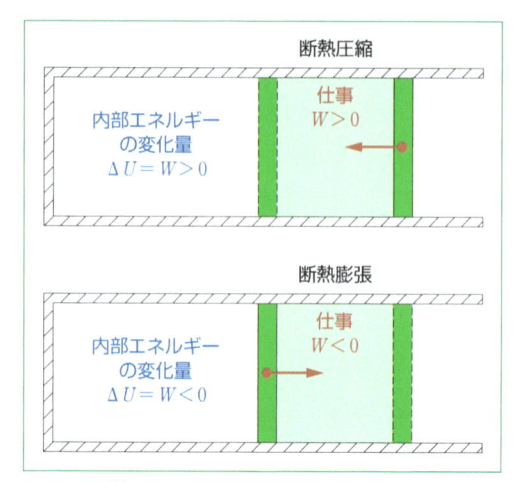

図 4-8 断熱変化における仕事と内部エネルギーの関係
断熱変化では、圧縮による仕事だけ内部エネルギーが増加し、膨張による仕事だけ内部エネルギーが減少します。

が成り立ちます。これを**熱力学第一法則**といいます。

熱力学第一法則は、熱エネルギーと力学的エネルギーに関するエネルギー保存の法則です。定容変化では、体積が変化しないので、$W = 0$ より、$\Delta U = Q$ になります。断熱変化では、熱が移動しないので、$Q = 0$ より、$\Delta U = W$ になります。

熱力学第一法則　$\Delta U = Q + W$

4.4.4　等温変化

温度を一定に保ちながら、物質の状態が変化することを**等温変化**といいます。理想気体の内部エネルギーは、物質量が一定であれば、温度だけで決まるエネルギーです。温度が変化しなければ、内部エネルギーも変化しません。等温変化では、温度が変化しないので、内部エネルギーの変化量 ΔU [J] は 0 です。熱力学第一法則により、等温変化において理想気体が得た熱量 Q [J] は、

$$Q = -W$$

となります。

物質を圧縮すると、内部エネルギーが増加します。理想気体の等温変化では、内部エネ

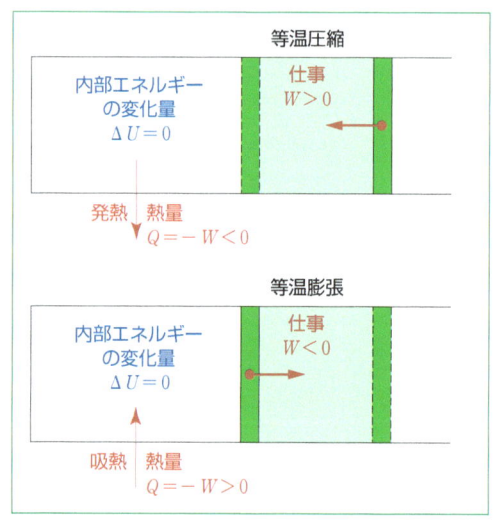

図 4-9　等温変化における熱量と仕事の関係
等温変化では、圧縮による仕事と等量の熱量を放出（発熱）し、膨張による仕事と等量の熱量を吸収（吸熱）します。

ルギーを一定に保つために、圧縮による仕事と等量の熱量を外部に放出（発熱）します。反対に、物質が膨張すると内部エネルギーが減少します。理想気体の等温変化では、内部エネルギーを一定に保つために、膨張による仕事と等量の熱量を外部から吸収（吸熱）します（図4-9）。

4.4.5 定圧変化

圧力を一定に保ちながら、物質の状態が変化することを**定圧変化**といいます。大気中で起こる状態変化の多くは、大気圧が一定の定圧変化です。定圧変化では、物質を加熱すると、内部エネルギーが増加するだけでなく、物質の体積が膨張します。このとき、膨張による仕事は $W = -P \cdot \Delta V$ です（図4-10）。熱力学第一法則より、定圧変化において物質が得た熱量 Q_P [J] は、

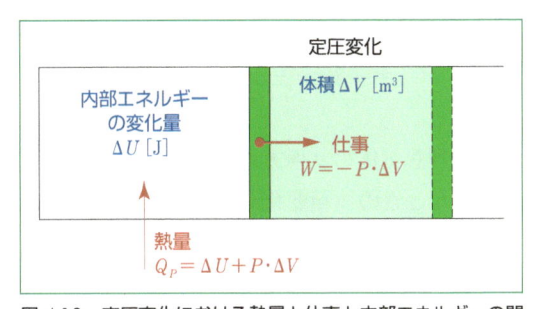

図 4-10　定圧変化における熱量と仕事と内部エネルギーの関係
定圧変化において物質が得た熱量は、内部エネルギーの変化量と膨張による仕事の和になります。

$$Q_P = \Delta U - W = \Delta U + P \cdot \Delta V$$

となります。ここで、**エンタルピー**という量を導入します。

エンタルピー　$H = U + P \cdot V$

定圧変化におけるエンタルピーの変化量 ΔH [J] は、

$$\Delta H = \Delta U + P \cdot \Delta V$$

であり、定圧変化において物質が得た熱量 Q_P [J] に等しく、

$$\Delta H = Q_P$$

となります。

定圧変化における熱容量を**定圧熱容量**といいます。定圧熱容量は、圧力一定のもと、物質の温度を 1 K だけ上昇させるのに必要な熱量です。熱量 Q_P [J] を加えると温度が ΔT [K] だけ変化する物質の定圧熱容量 C_P [J·K^{-1}] は、

$$C_P = \frac{Q_P}{\Delta T} = \frac{\Delta H}{\Delta T}$$

となります。

> **例題 4-5**
> 単原子分子の理想気体 1.00 mol の定圧熱容量を求めなさい。

解説

$\Delta H = \Delta U + P \cdot \Delta V$ だから、定圧熱容量 C_P [J·K^{-1}] は、

$$C_P = \frac{Q_P}{\Delta T} = \frac{\Delta H}{\Delta T} = \frac{\Delta U + P \cdot \Delta V}{\Delta T}$$

です。理想気体の状態方程式は $P \cdot V = n \cdot R \cdot T$ です。定圧変化において、温度が ΔT [K] だけ変化したときの体積変化を ΔV [m^3] とすると、

$$P \cdot \Delta V = n \cdot R \cdot \Delta T$$

となります。また、単原子分子の理想気体の定容熱容量 C_V [J·K^{-1}] は、

$$C_V = \frac{\Delta U}{\Delta T} = \frac{3}{2} \cdot n \cdot R$$

です（例題 4-3）。単原子分子の理想気体の定圧熱容量 C_P [J·K^{-1}] は、

$$C_P = \frac{\Delta U}{\Delta T} + \frac{P \cdot \Delta V}{\Delta T} = \frac{3}{2} \cdot n \cdot R + n \cdot R = \frac{5}{2} \cdot n \cdot R$$

となります。

したがって、単原子分子の理想気体 1.00 mol の定圧熱容量は、

$$C_P = \frac{5}{2} \times (1.00 \text{ mol}) \times (8.31 \text{ J·K}^{-1} \cdot \text{mol}^{-1}) = 20.8 \text{ J·K}^{-1}$$

となります。
答：20.8 J·K^{-1}

定圧変化におけるモル熱容量を**定圧モル熱容量**といいます。単原子分子の理想気体の定圧モル熱容量は、

$$C_P = \frac{5}{2} \cdot R = 20.8 \text{ J·K}^{-1} \cdot \text{mol}^{-1}$$

となります。
単原子分子の理想気体の定圧モル熱容量 $C_P = \frac{5}{2} \cdot R$ と定容モル熱容量 $C_V = \frac{3}{2} \cdot R$ の差は、

$$C_P - C_V = \frac{5}{2} \cdot R - \frac{3}{2} \cdot R = \frac{2}{2} \cdot R = R$$

となります。これを**マイヤーの関係式**といいます。

4.5 熱力学第二法則

温度が異なる物質どうしを接触させると、高温の物質は冷め、低温の物質は温まりますが、逆に高温の物質がそれ以上温まり、低温の物質がそれ以上冷めることはありません。熱伝導によって、熱は常に高温の物質から低温の物質に向かって移動します。このように、物質の状態が一方の向きだけに変化することを**自発変化**または**不可逆変化**といいます。

高温の物質 1 と低温の物質 2 を接触させたときの状態変化について考えましょう。物質 1 から物質 2 に移動した熱量を Q [J] とすると、物質 1 の内部エネルギーの変化量は、$\Delta U_1 = -Q$ [J] になり、物質 2 の内部エネルギーの変化量は、$\Delta U_2 = +Q$ [J] になります（図 4-11）。物質 1 と物質 2 の内部エネルギーの変化量の和は、

$$\Delta U_1 + \Delta U_2 = -Q + Q = 0$$

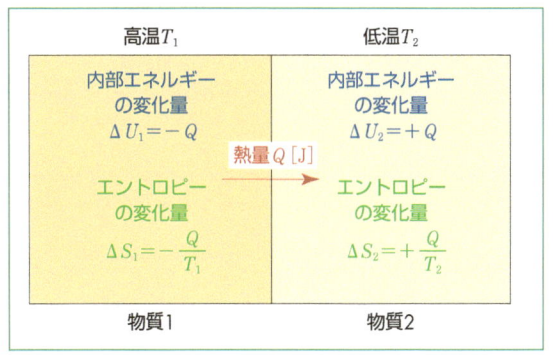

図 4-11 内部エネルギーとエントロピーの変化
温度が異なる物質どうしを接触させると、内部エネルギーとエントロピーが変化します。エントロピーが増加する向きに、熱エネルギーは自発的かつ不可逆的に移動します。

となり、接触の前後で全体の内部エネルギーは変化しません。

熱が移動する向きを決めるのは、内部エネルギーではありません。そこで、**エントロピー**という量を導入します。エントロピーは物質の乱雑さの尺度です。気体のように分子が乱雑に飛びまわっているほどエントロピーは大きく、固体のように分子が規則正しく整列しているほど**エントロピーは小さくなります**（図 4-12）。物質を加熱すると、分子の熱運動がより乱雑になり、エントロピーは増加します。絶対温度 T [K] において、物質が熱量 Q [J] を得たとき、エントロピーの変化量 ΔS [J·K^{-1}] は、

$$\Delta S = \frac{Q}{T}$$

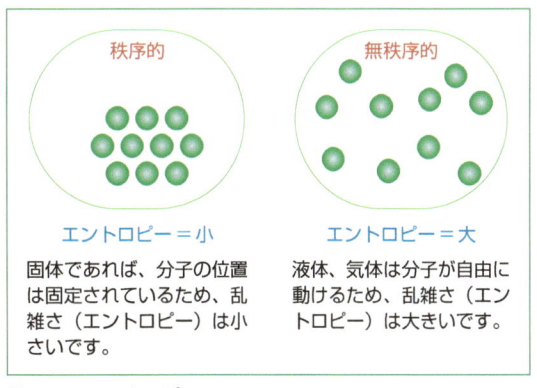

図 4-12 エントロピー

となります。

高温の物質 1 の温度を T_1 [K]、低温の物質 2 の温度を T_2 [K] とすると（$T_1 > T_2$）、物質 1 から物質 2 に熱量 Q [J] が移動したとき、物質 1 のエントロピーの変化量は、

$$\Delta S_1 = -\frac{Q}{T_1}$$

となり、物質2のエントロピーの変化量は、

$$\Delta S_2 = +\frac{Q}{T_2}$$

となります。物質1と物質2のエントロピーの変化量の和は、

$$\Delta S_1 + \Delta S_2 = -\frac{Q}{T_1} + \frac{Q}{T_2} = Q \cdot \left(\frac{1}{T_2} - \frac{1}{T_1}\right) > 0$$

となります。高温の物質から低温の物質に熱が移動したとき、エントロピーは増加します。

　熱が移動する向きを決めるのはエントロピーです。この例のように、物質1と物質2のみで熱をやり取りする孤立した状況（孤立系といいます）での物質の状態は、エントロピーが増加する向きに、自発的かつ不可逆的に変化します。これを**熱力学第二法則**または**エントロピー増大の法則**といいます。熱力学第二法則は、自発変化の向きを決める法則です。

第5章

波動

水面の波、地震の波など身の周りには波という共通の現象がみられます。薬学においても音波、超音波など波の性質や波を表す物理量について理解することが重要です。

5.1 波の性質

ロープの一端を壁に固定し、もう一端を手で持って上下に振動させると、波が壁に向かっていきます。しかし、このときロープ上の各点は上下に振動しているだけで、壁へ向かって移動しているわけではありません。

振動しはじめたロープ上のある点 A は、その隣の点 B をひっぱり上げ、点 B はその隣の点 C をひっぱり上げというように、次から次へと振動が伝わっていきます。このような現象を波動または波といいます。水面にみられる波は、水分子が隣の水分子を分子間力によってひっぱり上げることによって起こります。空気の波である音は、空気（分子）の押し合いによる振動が伝わる現象です。

最初に振動を始めた位置を波源といい、波を伝える物質を媒質といいます（図5-1）。ここでは、手が波源になり、ロープ上の各点が媒質になります。水面上の波の媒質は水です。また、音の媒質は空気になります。

手を一度しか振動させないと、波が1つだけ生じます。このような単発の波をパルス波といいます。手を何度も上下してできた波を連続波といいます。

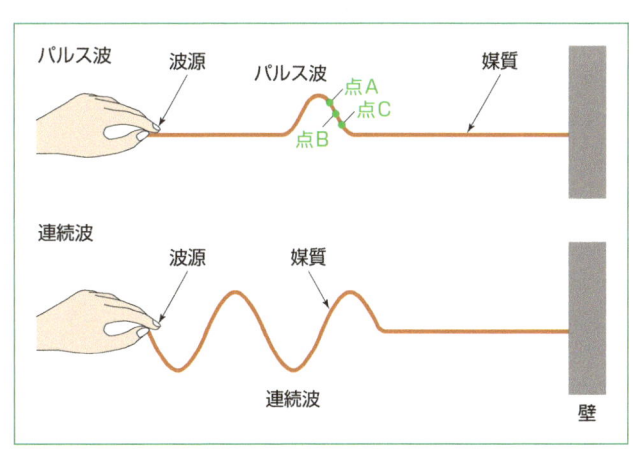

図 5-1　パルス波と連続波

波の媒質が1回振動する間に波が進む長さを波長といい、記号を λ (ラムダ)、単位を m（メートル）で表します。波の最大の高さ（深さ）を振幅といい、記号を A、単位を m で表します。波形の最も高い所を山、負の最も低いところを谷とよびます。山の高さ、あるいは谷の深さが振幅になります（図5-2）。

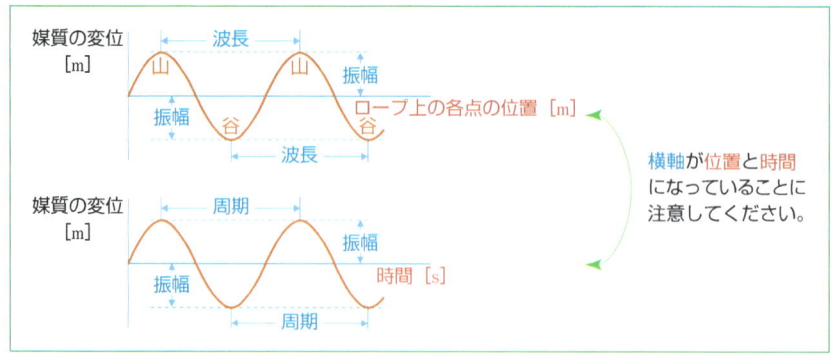

図 5-2　波の要素

　媒質が 1 秒間に繰り返す往復の数を**振動数**または**周波数**といい、記号を f、単位を Hz（ヘルツ）で表します。たとえば、1 秒間に媒質が 50 回往復したら、振動数は 50 Hz です。

　媒質が 1 往復（1 波長）するのに要する時間を**周期**といい、記号を T、単位を s（秒）で表します。

　振動数 f [Hz] と周期 T [s] の間には、次の関係があります。

$$f = \frac{1}{T},\ T = \frac{1}{f}$$

　たとえば、振動数が 50 Hz の周期は、1/50 = 0.020 s です。

　波は、波源の媒質が 1 回往復振動する時間（周期）T [s] の間に 1 波長 λ [m] 進むので、波の速さ v [m·s^{-1}] は、

$$v = \frac{\lambda}{T}$$

で表せます。また、速さ v [m·s^{-1}] を振動数 f [Hz] と波長 λ [m] の関係で表すと、次のような式で表せます。

$$v = f \cdot \lambda$$

　振動数が一定なら、波長が長くなるほど速さは速くなり、速さが一定なら、振動数が大きくなるほど波長が短くなることを意味しています。また、波長が一定なら、振動数が大きくなるほど速さが速くなることを意味します。

　記号に用いられている振幅の A は amplitude（振幅）、振動数の f は frequency（頻度）、周期の T は time（時間）、波長の λ は length（長さ）の l に相当するギリシャ文字にそれぞれ由来します。

例題 5-1

① 波長 2 m の波が 1 分間に 30 回振動しています。波の速さを求めなさい。

② 波が 1 秒間に 10 回振動する場合、波の周期を求めなさい。

> **解説**

①波の速さを求める式、
$$v = f \cdot \lambda$$
に与えられている数値を代入していきます。ここで、振動数の単位は秒ですから、「1分間に30回」を秒に換算します。「1分間で30回」は「60秒間で30回」なので、1秒間では30/60回になります。すなわち、
$$f = 30 \div 60 = 0.5 \text{ Hz}$$
です。したがって、
$$v = 0.5 \times 2 = 1 \text{ m} \cdot \text{s}^{-1}$$
になります。

②波の周期を求める式、
$$T = \frac{1}{f}$$
に与えられた数値を代入していきます。
$$T = \frac{1}{10} = 0.1 \text{ s}$$
です。

答：① $1 \text{ m} \cdot \text{s}^{-1}$ 　　② 0.1 s

水面に石を落とすと同心円の波紋が広がります。水面に葉が浮いていると、波は葉を上下にゆらします。このように、波は振動を伝え、エネルギーを伝えます。波は媒質の振動の仕方によって、横波と縦波に分けることができます。

ばねの端をばねと垂直な方向に振ると、生じた波の振動方向は、波の進行方向と垂直になります。このように、媒質の振動する方向と波の伝わる方向（進行方向）が垂直である波を**横波**といいます。弦を伝わる波や、光は横波です。

一方、ばねの端をばねと平行な方向に振ると、ばねの振動方向と波の進行方向が等しくなります。このように、媒質の振動する方向と波の進行方向が同じである波を**縦波**といいます（図5-3）。

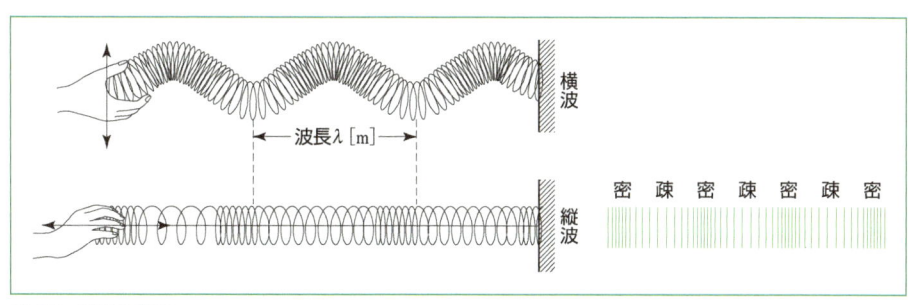

図5-3 縦波と横波

縦波は、媒質が密集する密部と、ばらばらな疎部の繰り返しが伝わるので、**疎密波**ともいわれます。音は空気を媒質とする縦波です。また、太鼓をたたくと太鼓の革の振動により太鼓の

5.1 波の性質

まわりの空気の密度が濃い部分と薄い部分ができ、それらが次々と周りの空気に伝わります。

媒質の振動の中心からのずれを**変位**といいます。波には、横波と縦波がありますが、図で表す場合には、横波のほうが波として理解しやすいと思います。縦波も振動方向の変位を 90°回転すれば、横波と同じように表すことができます（図 5-4）。

図 5-4 (a)(1)は、ばねをまだ揺らしていない状態です。図 5-4 (a)(2)は、ある時点でのばねの動きを表しています。図では、ばねの間にわかりやすいように球を挟んであります。まず、2 つの点について説明していきます。

番号 0 の球は、もとの位置と同じところにあります。番号 1 の球は、もとの位置から左にずれているので、もとの位置を表す点線から左に矢印を描きます。

図 5-4 (a)(4)にその変位を 90°反時計回りにまわして表示し、滑らかに線を引きます。つまり、縦波で「右」にずれているということは、横波で「上」にずれているということを意味します。逆に、縦波で「左」にずれているということは、横波で「下」にずれていることを意味します。以下、同様に縦波を横波に書き直すと、図 5-4 (b)になります。

このようにすることで、縦波を横波と同じように扱うことができます。図 5-4 (b)(2)と図 5-4 (b)(4)を比較してみると、番号 0 と 8 がもっとも密、番号 4 と 12 がもっとも疎になっています。すなわち、密のところは「右下がり」、疎のところは「右上がり」で x 軸とぶつかるところでということになります。

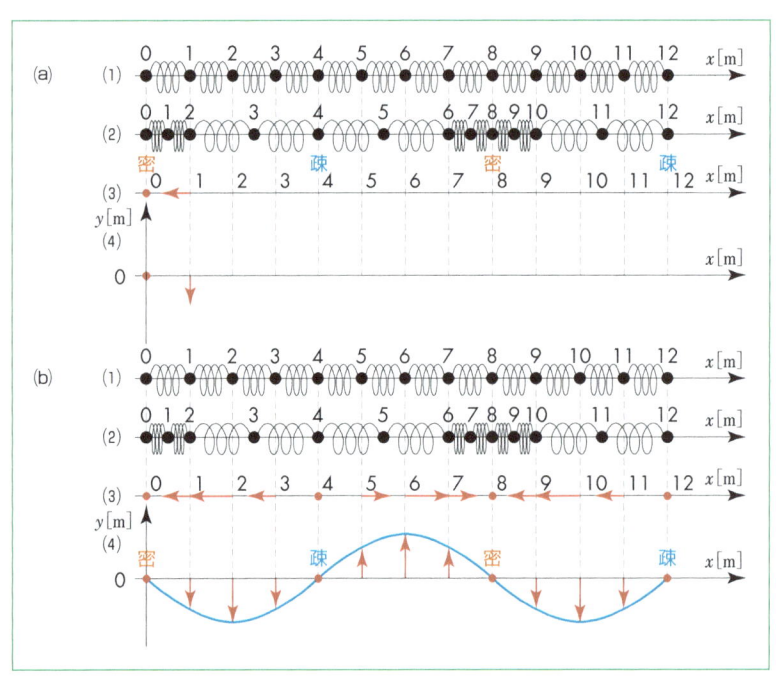

図 5-4 縦波の横波表示

5.2 正弦波

波源が単振動してできる波を**正弦波**といいます。波源の振幅を A [m]、振動数を f [Hz]、

周期を T [s] とすると、時刻 t [s] の波源の変位 y_0 [m] は、

$$y_0 = A \cdot \sin\left(\frac{2\pi}{T} \cdot t\right)$$

と表せます。

単振動という運動は、鉛直につったばねの下端につられた物体が、鉛直方向に振動する場合の往復運動です（図5-5）。

図 5-5　単振動

つぎに、波源の位置を原点とし、波の変位を y 軸、波の進行方向を x 軸にとり、x 軸上の位置 x [m] にある点 P の変位 y [m] を表す式を求めます（図5-6）。

波の速さを v [m·s^{-1}] とすると、波源の振動が点 P に伝わるのは、x/v 秒後になるので、**点 P の変位 y** [m] は、

$$y = A \cdot \sin\left\{\frac{2\pi}{T} \cdot \left(t - \frac{x}{v}\right)\right\}$$

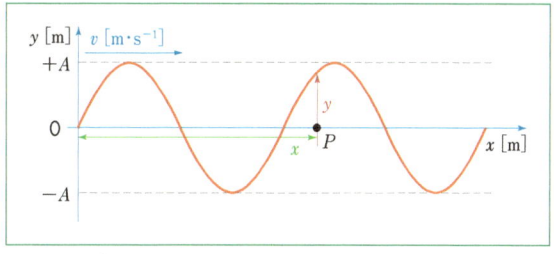

図 5-6　正弦波

と表せます。

さらに、式を変形すると、

$$y = A \cdot \sin 2\pi \left(\frac{t}{T} - \frac{x}{\lambda}\right)$$

と表せ、時間 t [s] と位置 x [m] を変数とする式で表せます。この式を**正弦波の式**といいます。

波の変位 y [m] が $y = A \cdot \sin 2\pi \cdot (t/T - x/\lambda)$ と表されるとき、正弦関数 sin の引数 $2\pi \cdot (t/T - x/\lambda)$ を**位相**といい、波の状態、振動の様子を表します。2つの波の変位が同時刻に同じになるとき、2つの波は**同位相**であるといい、2つの波の変位が同時刻にまったく逆になるとき、2つの波は**逆位相**であるといいます。

5.3　波の回折、反射、屈折

波の性質として反射、屈折、回折、干渉があります。このうち、反射、屈折、回折は「ホイヘンスの原理」、干渉は「重ね合わせの原理」で説明できます。

5.3.1　ホイヘンスの原理

波が伝わっていくときに、ある瞬間の波面上のすべての点が新しい波源になると考えると、各点から同じ速さで同じ振動数の仮想的な球面波が送り出されることになります。波面が平面

のものを**平面波**、球面状（同心円状）のものを**球面波**といいます。それぞれの球面波の波面の共通に接する曲面（包絡面）が次の瞬間の新しい波面として観測されます。これを**ホイヘンスの原理**といいます（図 5-7）。

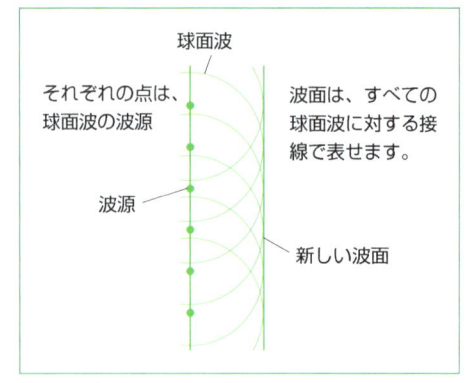

図 5-7　ホイヘンスの原理

5.3.2　波の反射

波は、媒質の異なる境界面で反射する性質があります。境界面に入射する波を**入射波**といい、境界面で反射する波を**反射波**といいます。入射波の進行方向と境界面の法線のなす角を**入射角**、反射波の進行方向と境界面の法線のなす角を**反射角**といいます（図 5-8）。

入射角と反射角は等しくなります（入射角＝反射角）。これを**反射の法則**といいます。

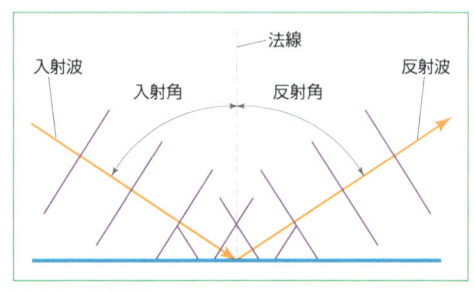

図 5-8　波の反射

5.3.3　波の屈折

速さの異なる媒質の境界面を通過するときに波の進行方向が変化する現象を波の**屈折**といいます。屈折した波を**屈折波**といい、屈折波の進行方向と境界面の法線のなす角を**屈折角**といいます（図 5-9）。

媒質 1 の波の速さを v_1 [m·s^{-1}]、波の波長を λ_1 [m]、媒質 2 の波の速さを v_2 [m·s^{-1}]、波の波長を λ_2 [m] とすると、

$$\frac{\sin i}{\sin r} = \frac{v_1}{v_2} = \frac{\lambda_1}{\lambda_2} = n_{12}$$

という関係式が成り立ちます。これを**屈折の法則**または**スネルの法則**といいます。定数 n_{12} を媒質 1 から媒質 2 へ進む場合の**屈折率**、または媒質 1 に対する媒質 2 の**屈折率**といいます。波の振動数 f [Hz] は屈折しても変化しませんが、波の速さ v [m·s^{-1}] と波長 λ [m] は媒質が異なると変化します。

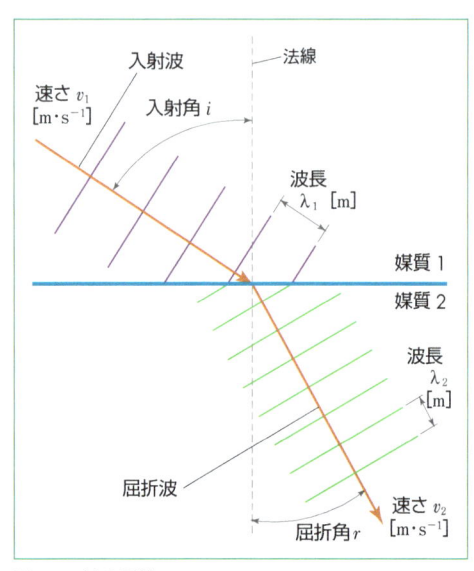

図 5-9　波の屈折

例題 5-2

入射角 45°と屈折角 30°で媒質 1 から媒質 2 に波が進行しました。媒質 2 の速さは媒質 1 より①速くなる、②変わらない、③遅くなる、のいずれでしょうか。

解説

スネルの法則より、v_1 [m·s^{-1}] は $\sin i$ に、v_2 [m·s^{-1}] は $\sin r$ に比例し、その比例定数が共通であることがわかるので、それを a [m·s^{-1}] とすると、

$$v_1 = a \cdot \sin i,\ v_2 = a \cdot \sin r$$

と表せます。

媒質 1 から媒質 2 への入射角は、45°ですから、その速さ v_1 [m·s^{-1}] は、

$$v_1 = a \cdot \sin 45° = 0.71a$$

です。

また、媒質 2 への屈折角は 30°ですから、その速さ v_2 [m·s^{-1}] は、

$$v_2 = a \cdot \sin 30° = 0.5a$$

です。

a [m·s^{-1}] は、定数で同じですから、$v_1 > v_2$ なので、媒質 2 の速度は、媒質 1 より遅くなります。

答：③遅くなる

例題 5-3

速さ 30 m·s^{-1} で媒質 1 から媒質 2 にある波が進行しました。媒質 1 に対する媒質 2 の屈折率を 1.5 とした場合、媒質 2 の波の速さを求めなさい。

解説

屈折率を求める式、

$$n_{12} = \frac{v_1}{v_2}$$

を変形して、媒質 2 の波の速度を求める式にすると、

$$v_2 = \frac{v_1}{n_{12}}$$

になります。この式に与えられた数値を代入していきます。

$$v_2 = \frac{30}{1.5} = 20 \text{ m·s}^{-1}$$

答：20 m·s^{-1}

5.3.4 波の回折

粒子は、進行する方向に障害物があると、障害物によってさえぎられ、その物陰には行けません。しかし、波は障害物の後ろへ回り込んで伝わっていくことができます。これは波にみられる特有の現象で**回折**といいます。回折現象は、障害物や障害物に開けた穴（開口）の大きさが波長と同程度あるいはそれ以下のときに著しくみられます。また、波の波長が長いほど、回り込み方が顕著になります（図 5-10）。音は波長が長いので回折が起こりやすく、光は波長が短いので回折が起こりにくくなります。

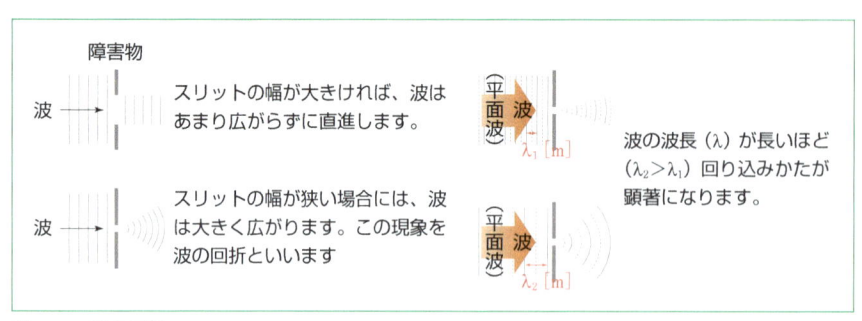

図 5-10 波の回折

5.3.5 波のエネルギー

静止したばねの一端の横に物体を置き、ばねのもう一方の端を振動させると、ばねを伝わった波は物体を弾き飛ばします。このことからわかるように、波はエネルギーを運びます。

地震波や地震の際に発生する津波は、大きなエネルギーを運び、建物を倒壊するなど甚大な被害を人々にもたらします。

波の進む向きに垂直な単位面積を単位時間に通過する波のエネルギーを**波の強さ**といいます。正弦波の強さ I [J·m^{-2}·s^{-1}] は、媒質の密度 ρ [kg·m^{-3}]、波の伝わる速さ v [m·s^{-1}]、振幅 A [m]、振動数 f [Hz] とすると、

$$I = 2\pi^2 \cdot \rho \cdot v \cdot f^2 \cdot A^2$$

と表すことができます。正弦波では、単振動のエネルギーが伝えられ、その波の強さは、波の振幅が大きいほど、また、波の振動数が大きいほど強くなります。

5.4 重ね合わせの原理と干渉

5.4.1 波の重ね合わせの原理

これまでは、1つの波の性質について学んできました。ここでは、2つの波が出会うとどのような現象が起きるかについて考えてみることにします。

図 5-11 (a)のように、直線上を互いに逆向きに進む変位が y_1 [m] と y_2 [m] で表される波があります。これらは途中で衝突しますが、このときにみられる2つの波のようすを図 5-11

(b)に示してあります。

　衝突しているときにできる波の変位は、互いの変位の和 $y_1 + y_2$ で表されます。その後は何事もなかったかのように互いに進んでいきます。媒質の各点に複数の波の変位が同時に伝わるだけであって、互いにほかの波の進行を妨げたり、ほかの波に影響を与えたりしません。これは、**波の独立性**とよばれ、粒子にはない特徴です。

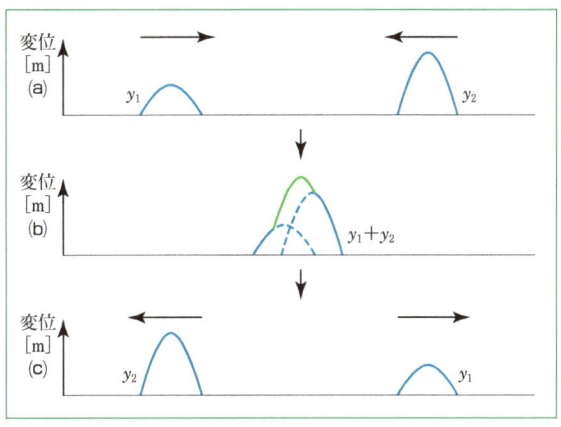

図 5-11　重ね合わせの原理

　波には独立性があり、2つの波が同時にある点に到達したとき、その点での変位 y [m] はそれぞれの変位の和で与えられます。

$$y = y_1 + y_2$$

　これを**波の重ね合わせの原理**といいます。重ね合わせによってできた波を**合成波**といいます。また、2つの波が重ね合わさって、強めあったり、弱めあったりする現象を**波の干渉**といいます。

5.4.2　波の干渉条件

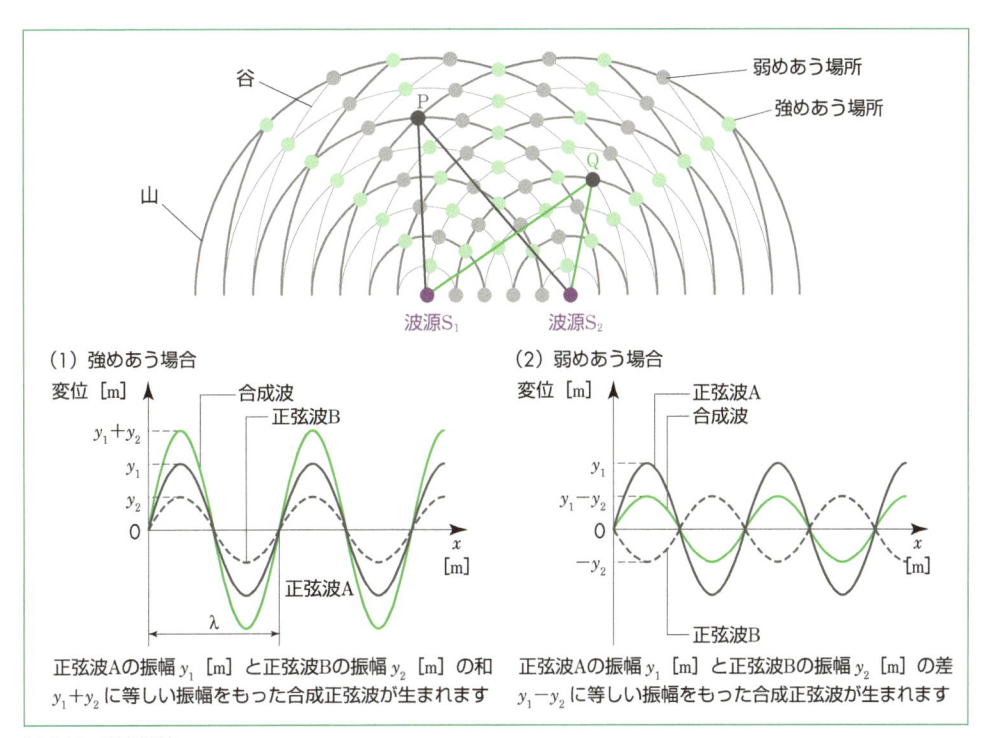

(1) 強めあう場合　正弦波Aの振幅 y_1 [m] と正弦波Bの振幅 y_2 [m] の和 y_1+y_2 に等しい振幅をもった合成正弦波が生まれます

(2) 弱めあう場合　正弦波Aの振幅 y_1 [m] と正弦波Bの振幅 y_2 [m] の差 y_1-y_2 に等しい振幅をもった合成正弦波が生まれます

図 5-12　波の干渉

2つの波源から同時に発生した波は、それぞれの波源からの距離の違い（経路差）により、強めあったり、弱めあったりします。強めあう場所と、弱めあう場所の条件を式で表してみましょう。振幅 A [m] で同位相（一方が山のとき他方も山、一方が谷の時他方も谷）で振動する2つの波源 S_1、S_2 から出る波の波長を λ [m] とします。波源 S_1、S_2 からの距離をそれぞれ l_1 [m]、l_2 [m] とすると、距離の差は $|l_1 - l_2|$ と表すことができ、干渉の条件は次のようになります（図5-12）。

強めあう場所（同位相）：経路差＝半波長（λ/2）の偶数倍＝波長の整数倍
$|l_1 - l_2| = m \cdot \lambda = 2m \cdot \dfrac{\lambda}{2}$

弱めあう場所（逆位相）：経路差＝半波長（λ/2）の奇数倍
$|l_1 - l_2| = \left(m + \dfrac{1}{2}\right) \cdot \lambda = (2m + 1) \cdot \dfrac{\lambda}{2}$

$(m = 0, 1, 2, \cdots)$

> **例題 5-4**
> 図5-12では波源を S_1、S_2 とし、太線で山、細線で谷を表します。太線どうしの交点P、太線と細線の交点Qは、それぞれ波が強めあう場所か、弱めあう場所か答えなさい。

解説

点 P は、$S_1P = l_1 = 3\lambda$、$S_2P = l_2 = 4\lambda$ より、
　　経路差＝$|l_1 - l_2| = 4\lambda - 3\lambda = \lambda$
距離の差が整数倍ですから、強めあう場所（大きく振動する）ということになります。

点 Q は、$S_1Q = l_1 = 3.5\lambda$、$S_2Q = l_2 = 2\lambda$ より、
　　経路差＝$|l_1 - l_2| = 3.5\lambda - 2\lambda = 1.5\lambda = 3 \cdot \left(\dfrac{\lambda}{2}\right)$

距離の差が半波長の奇数倍ですから、弱めあう場所（振動しない）ということになります。
答：点Pは強めあう場所、点Qは弱めあう場所

5.4.3 定常波

左端を固定した弦に正弦波を右側から左向きに進ませます。波が固定端（媒質が振動できない端）まで達したのち、そこで折り返して戻ってくる現象を**反射**といいます。反射する前の波を**入射波**、反射した後の波を**反射波**といいます。

入射波が弦の左端に到達すると、波のエネルギーが保存するので、入射波と同じ波長、同じ振幅の反射波を生じて弦を右向きに伝わって行きます。固定端では、反射波と入射波は逆位相になります。弦の右から左へ進む入射波と、弦の左端から右へ進む反射波が重ね合わさり、合成波が生じます。図5-13は時刻が0から4分の3周期まで、4分の1周期ごとの入射波、反射波、合成波を表しています。

図5-14は、合成波の時間的変化のようすを表しています。合成波は場所によって決まった一定の振幅で振動を続け、右にも左にも進んでいないように見えます。このように、同じとこ

ろで振動して進まない波を**定常波**といいます。例として、弦や気柱の振動などがあります。

定常波の振動しない点を**節**といい、定常波の振動の振幅が最大である点を**腹**といいます（図5-14）。腹2つ分の長さが1波長 λ [m] を表します。

5.4.4 定常波の固有振動数

弦の両端を固定して弾くと、振動が波となって伝わります。波は弦の両端で反射を繰り返し、互いに逆向きに進む波が重なり合うため、両端が節の定常波が生じます。このとき、生じる定常波の振動を**固有振動**といいます。固有振動しているときの振動数を**固有振動数**といいます。

腹が1つの振動を**基本振動**といいます。弦の長さを L [m] とすると、腹1つ分の長さが1/2波長に等しいので、$\lambda_1/2 = L$（$\lambda_1 = 2L$）となります。弦を伝わる波の速さを v [m·s^{-1}] とすると、振動数 f_1 [Hz] と波長 λ_1 [m] の関係は、$v = f_1 \cdot \lambda_1$（$f_1 = v/\lambda_1$）です。この式に代入して振動数 f_1 [Hz] を求めると、

$$f_1 = \frac{v}{\lambda_1} = \frac{v}{2L}$$

と表せます。これを**基本振動数**といいます。

長さ L [m] の弦の中にできる腹の数が2の振動を**2倍振動**、腹の数が3つの振動を**3倍振動**といいます（図5-15）。

n 倍振動の弦の長さ L [m] と波長 λ_n [m] の関係の式は、

$$\lambda_n = \frac{2L}{n}$$

と表現できます。また、固有振動数の

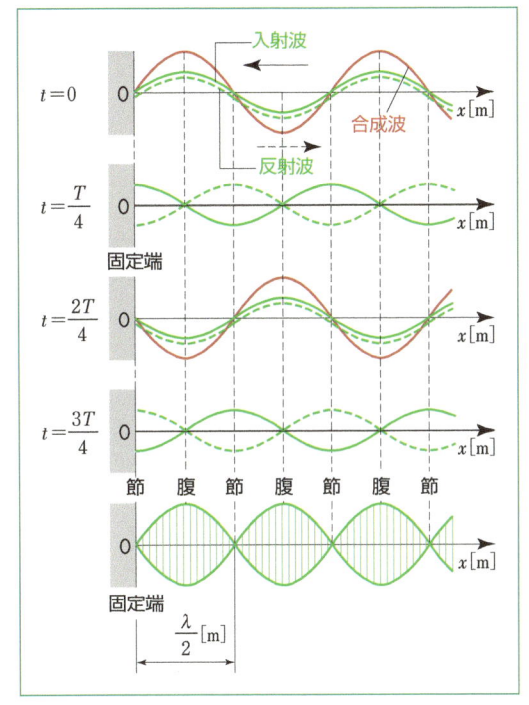

図5-13 合成波

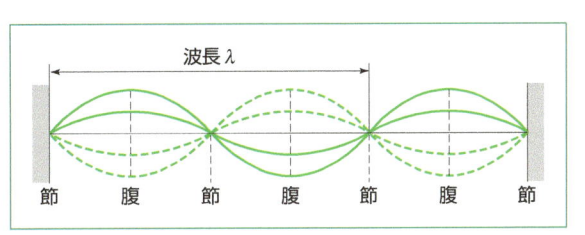

図5-14 定常波

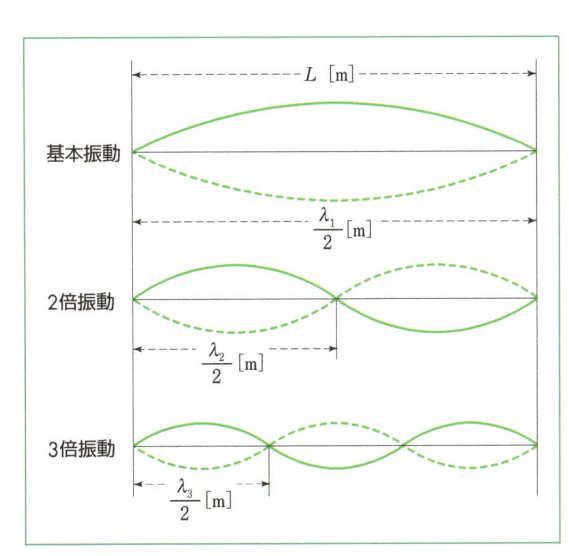

図5-15 固有振動

式は、

$$f_n = \frac{v}{\lambda_n} = \frac{v}{2L} \cdot n$$

で表すことができます。

> **例題 5-5**
>
> 長さ 0.600 m の弦の固有振動について次の値を求めなさい。ただし、弦を伝わる波の速さを 200 m·s^{-1} とします。
> 　　①基本振動の波長、振動数
> 　　② 3 倍振動の波長、振動数

解説

①基本振動は、腹の数が 1 つですから、弦の長さと波長の関係の式と固有振動数の式の n が 1 となります。したがって、

$$\lambda_1 = 2 \times 0.600 = 1.20 \text{ m}$$

$$f_1 = \frac{200}{2 \times 0.600} = \frac{200}{1.20} = 167 \text{ Hz}$$

② 3 倍振動は、腹の数が 3 つですから、弦の長さと波長の関係の式と固有振動数の式の n が 3 となります。したがって、

$$\lambda_3 = \frac{2 \times 0.600}{3} = 0.400 \text{ m}$$

$$f_3 = \frac{200}{2 \times 0.600} \times 3 = \frac{200}{1.200} \times 3 = 500 \text{ Hz}$$

答：①波長は 1.20 m、振動数は 167 Hz、②波長は 0.400 m、振動数は 500 Hz

弦を伝わる波の速さの 2 乗は、弦を引く力が大きいほど大きくなります。また、弦の単位長さ当たりの質量（線密度）が小さいほど、弦は軽く動きやすくなるため、弦を伝わる波の速さの 2 乗は大きくなります。

弦を伝わる波の速さ v [m·s^{-1}] は、弦を引く力の大きさを S [N]、弦の線密度を ρ [kg·m^{-1}] とすると、

$$v = \sqrt{\frac{S}{\rho}}$$

で表せます。

5.5 音波

5.5.1 音波と音の速さ

音は、空気などを媒質とする縦波です。この媒質を伝わる縦波を**音波**（または**音**）といいます。また、スピーカーや太鼓のように、振動することによって音を発生させる物体を**音源**（**発音体**）といいます。空気中での音の伝わる速さは、温度によって変化します。0 ℃、1 気圧のときの空気中の音の速さは、331.5 m·s^{-1} で、1 ℃上昇するごとに 0.6 m·s^{-1} ずつ速くなります。したがって、温度が t [℃] のときの音の速さ V [m·s^{-1}] は、

$$V = 331.5 + 0.6 \cdot t$$

と表せます。

5.5.2 音の3要素

音を特徴づけるものとして、音の高さ（音程）、強さ（大きさ）、音色があります。これを**音の3要素**といいます。

同じ振動数の音が聞こえているとき、振幅が大きくなるほど音は大きくなります。また、振動数が大きい音ほど高く聞こえます。

同じ高さの音でも、フルートとクラリネットでは、違った印象の音に聞こえます。これらの音は、単純な正弦波ではなく、複雑な波形をしています。この波形の違いが音色の違いを生み出します。楽器などから奏で出される音の複雑な波形は、色々な振幅や振動数の正弦波の重ね合わせで表すことができます。

5.5.3 可聴音と超音波

人の耳に聞こえる音の振動数は、20〜20,000 Hz の範囲です。この範囲を**可聴域**といいます。この上限を超える音を**超音波**といいます。超音波は、反射を利用した魚群探知や海底の調査、超音波診断装置やドップラー効果を利用した血流速度の測定などに使われています。

5.5.4 音の伝わりかた

音波は、波の一種ですから、反射、屈折、回折、干渉など波動の性質をもっています。

体育館やホールなどでマイクを通してスピーカーから話を聴いている時、すっきりと聞こえず、話の内容がよくわからなかったという経験をしたことがあると思います。この音がすっきりと聞こえない原因は、反響が多く聞こえたり、残響時間が長かったり、といったことがあげられます。

室内で音を出すと、壁や天井に音がぶつかって反射し、**反射音**（**リフレクション**）が発生します。これが反響、あるいは残響の原因となります。どちらも室内で音が反射することにより発生する現象という意味では同じですが、音の聞こえかたの違いで使い分けられます。

反響（**エコー**）とは、反射音と直接音（音源から耳に直接到達して聞こえる音）を区別して聞くことができ、音の繰り返しがカウントできます。いわゆる、やまびこのことです。一方、

残響（リバーブ）とは、直接音との区別がつかず、繰り返しがカウントできません。

音波の反射においても、入射角＝反射角という反射の法則が成り立っています。また、音波が空気中から水中に入射すると、水中での音速のほうが速いので、入射角より屈折角の方が大きくなります。

風も雲もない冬の夜に、遠くの電車などの音がよく聞こえることがあります。夜は静かなので、当たり前といえば当たり前の話かもしれません。しかし、この原因の1つとして音の屈折があります。

昼間は太陽光によって地表が温められ、上空にいくほど、温度が低下していきます。夜になったときに風も雲もない状態では、放射冷却が起こり、地表が冷やされ、上空の空気のほうが暖かくなります。暖かい空気層と寒い空気層が逆転します。このため、暖かい空気中の音速のほうが速いので、夜はうまい具合に屈折して遠くまで音が届くという現象が起こります（図5-16）。

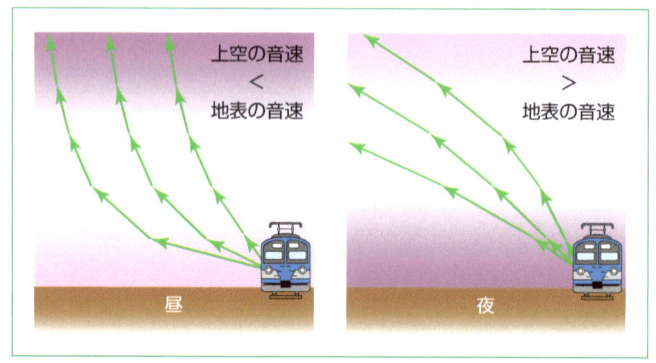

図5-16 音の屈折（昼と夜の音の届き方の違い）
昼間は太陽光によって地表が温められ、上空にいくほど温度が低くなります。夜は雲も風もなければ放射冷却がおこり地表が冷やされ、上空の空気のほうが暖かくなります。
このため、暖かい空気中の音速の方が速い（$V = 331.5 + 0.6 \cdot t$ [m·s^{-1}]）ので、夜は昼間より屈折角が大きくなります。したがって、夜は遠くまで音がよく聞こえます。

人の話し声の波長は、1～3 mで、身の回りの障害物の大きさに比べて長いため、音波が回折し、物陰に隠れている人にも話が聞こえてしまいます。低い声（＝振動数の小さい音＝波長の大きい音）で話すと、より回折しやすくなってしまいます。

図5-17のように2つのスピーカーを並べ、1つの発振器から同一の振動数、同一の位相の音を出すと、場所によってよく聞こえるところと、聞こえないところができます。音波が干渉することによって、空気がよく振動する所と、ほとんど振動しない所ができるからです。

振動数がわずかに異なる2つの音を同時に鳴らすと、「ゥワーン、ゥワーン」と音が大きくなったり、小さくなったりする現象が起こります。この現象を**うなり**といいます（図5-18）。

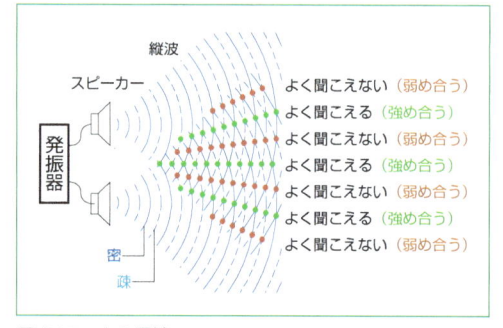

図5-17 音の干渉

2つの音源の振動数f_1 [Hz]、f_2 [Hz]とすると、1秒間のうなりの回数、すなわちうなりの振動数f [Hz]は、

$$f = |f_1 - f_2|$$

で表せます。

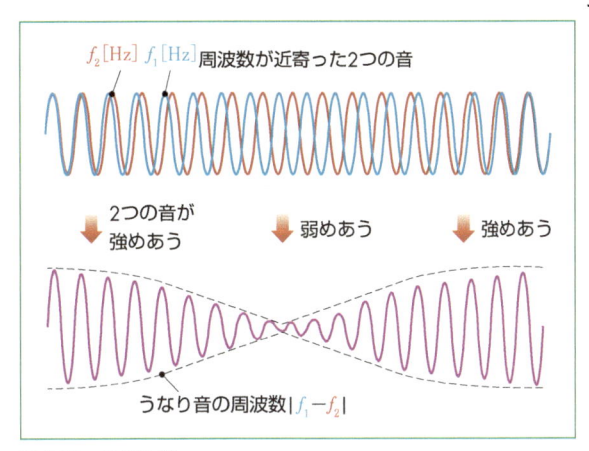

図 5-18 うなり音

> **例題 5-6**
> 振動数が 400 Hz の音叉とギターの弦を同時に鳴らしたら 1 秒間に 3 回うなりが生じました。ギターの弦の振動数は何 Hz か求めなさい。

解説

音叉の振動数 f_1 [Hz] は、400 Hz です。また、1 秒間でのうなりの回数が 3 ですから、うなりの振動数は 3.00 Hz となり、

$$f = |f_1 - f_2|$$

に数値を代入して、ギターの弦の振動数 f_2 を求めます。

$$3.00 = |400 - f_2|$$
$$f_2 = 400 \pm 3.00 = 397 \text{ または } 403 \text{ Hz}$$

答：397 Hz または 403 Hz

気柱の振動

フルートやクラリネットなどの楽器は、管の中の空気を振動させて音を奏で出しています。このような管で、一端が閉じている管を**閉管**、両端が開いている管を**開管**といいます。また、管の中の空気を**気柱**といいます。

管の開口端では、音の媒質である空気は自由に振動できます。このような端を自由端といいます。

開管にできる定常波は、管の両端が開いており、管の開口端は自由端になるため、管の両端は、定常波の腹となります。基本振動から振動数を上げていくと、次にできる定常波は、2 倍振動、3 倍振動、4 倍振動、…となります（図 5-19）。

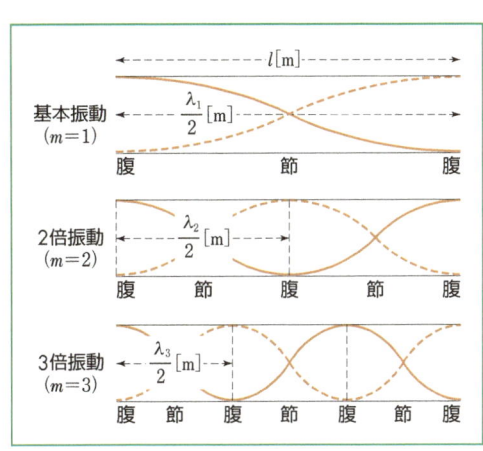

図 5-19 開管の気柱の固有振動（横波にして表示）

5.5 音波

83

開管の長さが l [m]、音の速さ V [m·s^{-1}] とすると、固有振動の波長 λ_m [Hz] と固有振動数 f_m [Hz] は、次のようになります。

$$\lambda_m = \frac{2l}{m} \quad (m = 1, 2, 3, \cdots)$$

$$f_m = \frac{V}{\lambda_m} = m \cdot \frac{V}{2l} = m \cdot f_1$$

$$\left(f_1 = \frac{V}{2l}, m = 1, 2, 3, \cdots \right)$$

開口端の腹の位置は、正確には管口より少し外側に出ています。管口から腹の位置までの長さを開口端補正といいます。

また、閉管にできる定常波は、管の片方が閉じているので、片方は節、管のもう一方は開いているので、もう一方は腹となります。基本振動から振動数を上げていくと、次にできる定常波は、3倍振動、5倍振動、7倍振動となります（図5-20）。

管の長さが同じとき、開管にできる定常波の基本振動数は、閉管にできる定常波の基本振動数の2倍になります。音階でいうと1オクターブ高いことになります。

閉管の長さが l [m]、音の速さ V [m·s^{-1}] とすると、固有振動の波長 λ_m [m] と固有振動数 f_m [Hz] は、次のようになります。

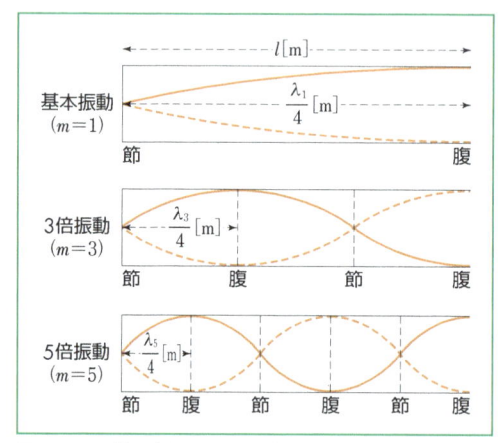

図 5-20　閉管の気柱の固有振動（横波にして表示）

$$\lambda_m = \frac{4l}{m} \quad (m = 1, 3, 5, \cdots)$$

$$f_m = \frac{V}{\lambda_m} = m \cdot \frac{V}{4l} = m \cdot f_1 \quad (m = 1, 3, 5, \cdots), f_1 = \frac{V}{4l}$$

5.5.5 音の共振と共鳴

管の中に息を吹き込んだときに大きな音がすることがあります。これは、気柱の固有振動数と、吹き込んだ息の振動数が一致したために、気柱に定常波が生じからです。このように、個々の物体がもつ固有振動数と、同じ振動数の揺れを外から加えると物体が振動を始める現象を共振といいます。共振現象のうち、音に関するものを共鳴といいます（図5-21）。

共振（共鳴）という現象は、離れた場所にエネルギーを伝達する現象でもあります。たとえば、共鳴箱に備え付けられた音叉を鳴らすと、同じ大きさの共鳴箱に備え付けられた離れた音叉を鳴らします。叩かれた音叉が下の共鳴箱を揺らし、空気を伝わって隣の共鳴箱を揺らし、そして上の音叉を揺らして鳴らします。固有振動数が違う音叉どうしでは、共鳴は起こりません。

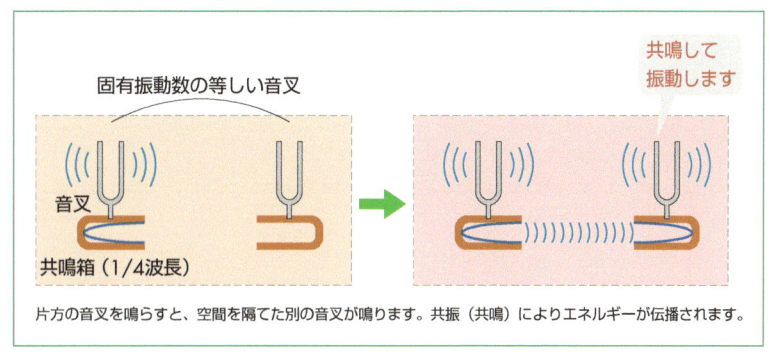

図 5-21　音叉の共鳴

5.5.6　ドップラー効果

電車に乗っているとき、踏み切りのカンカンカンという警報音が、通り過ぎる前は高い音に聞こえ、通り過ぎた後は低い音に聞こえます。また、救急車がサイレンを鳴らして近づいてくるとき、音がだんだん大きくなるとともに音が高い音に聞こえ、救急車が通り過ぎたとたんに音が低い音に聞こえます。

このように、音源や観測者が動くことによって、観測者は音源の振動数（音の高さ）とは異なった振動数の音を観測します。この現象を**ドップラー効果**といいます。

音源が動いているとき、進行方向前方では一定時間内に届く波の数は多く（振動数は高く）なり、逆に進行方向後方下流では波の数は少なく（振動数は低く）なります（図 5-22）。

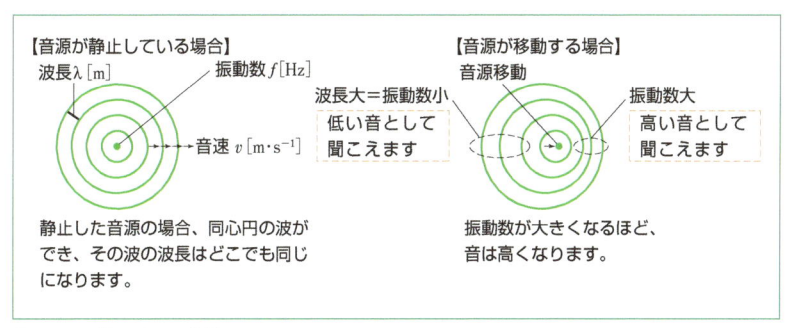

図 5-22　ドップラー効果

音源が静止していて、観測者が速さ v_L [m·s^{-1}] で音源に近づいている場合の観測者に聞こえる音の振動数 f_L [Hz] は、音源の振動数を f_S [Hz]、音速を V [m·s^{-1}] とすると、

$$f_L = \frac{V + v_L}{V} \cdot f_S$$

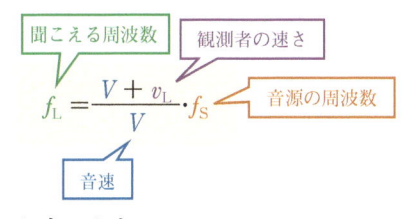

と表せます。

観測者が静止していて、音源が速さ v_S [m·s^{-1}] で観測者に近づいている場合の観測者に聞こえる音の振動数 f_L [Hz] は、

$$f_L = \frac{V}{V - v_s} \cdot f_S$$

音源の速さ

音源が速さ v_s [m·s^{-1}]、観測者が速さ v_L [m·s^{-1}] で互いに近づいている場合の観測者に聞こえる音の振動数 f_L [Hz] は、

$$f_L = \frac{V + v_L}{V - v_s} \cdot f_S$$

と表せます。

音源が速さ v_s [m·s^{-1}]、観測者が速さ v_L [m·s^{-1}] で互いに同じ向きに移動する場合の観測者に聞こえる音の振動数 f_L [Hz] は、

$$f_L = \frac{V - v_L}{V - v_s} \cdot f_S$$

と表せます。

例題 5-7

音速 $V = 340$ m·s^{-1}、音源の振動数 $f_S = 400$ Hz、音源は観測者に向って速さ $v_S = 20.0$ m·s^{-1} で、観測者は音源に向かって速さ $v_L = 10.0$ m·s^{-1} で互いに近づく向きに動いています。観測者が聞く音の波長 λ および振動数 f_L を求めなさい。

解説

$$\lambda = \frac{V - v_S}{f_S} = \frac{340 - 20.0}{400} = \frac{320}{400} = 0.800 \text{ m}$$

$f_L = \dfrac{V + v_L}{V - v_S} \cdot f_S$ より、$v_S = 20.0$ m·s^{-1} を代入すると、

$$f_L = \frac{340 + 10.0}{340 - 20.0} \times 400 = \frac{350}{320} \times 400 = 437.5 \text{ Hz} \approx 438 \text{ Hz}$$

答：波長 λ は 0.800 m、振動数 f_L は 438 Hz

第6章
光

6.1 光波とは

　光波は、**電磁波**とよばれる波の一種であり、真空中で発生し、進行することができます。互いに直交した電場と磁場とが振動しながら伝わっていく横波です。電場とは、電荷の分布によってできる電気力の作用する空間をいい、磁場とは、磁石や電流によってできる磁気力の作用する空間をいいます。光波は、電場と磁場が波になって伝わるので、媒質のない真空中でも伝わることができます。また、光は音と同じように、反射、屈折、干渉、回折現象を起こします。

　電場と磁場の詳細については第7章で扱います。本章では、電気的空間の変化が電場（電界）で、磁気的空間の変化が磁場（磁界）であり、それらの時間的振動が空間内を移動するのが電磁波と考えてください。

　光波は振動する電場と磁場が互いに垂直に組み合わさったもので、電磁波の進行方向は電場、磁場の振動方向の両方に直角の方向です。つまり光の速さで伝える横波です（図6-1）。

　真空中の光の速さ $c\ [\mathrm{m \cdot s^{-1}}]$ は、

$$c = 2.99792458 \times 10^8\ \mathrm{m \cdot s^{-1}}$$

（秒速約30万km、地球を1秒間に約7.5周する計算になります）で、光の振動数を $f\ [\mathrm{Hz}]$、波長を $\lambda\ [\mathrm{m}]$ とすると、

$$c = f \cdot \lambda$$

で表せます。

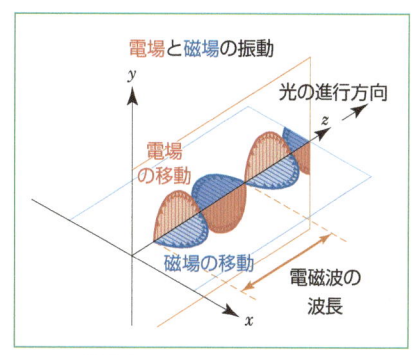

図6-1　電磁波
電磁波とは、空間の「電場」と「磁場」が互いに振動しながら空間を伝播していく物理現象です。

6.2 偏光

電磁波は横波であり、太陽光などの自然光については、光の伝搬する方向に垂直な平面内で電場磁場があらゆる方向に振動する波を含んでいます。この光を結晶の向きがそろっている結晶板を透過させると、1方向に電場振動する光だけが取り出せます。この電場の振動方向が偏った光を偏光といいます（図 6-2）。

なお、複数の波長（色）の光が混ざっている白色光をプリズムなどに通して色毎の光に分ける分光と偏光は違う現象です。

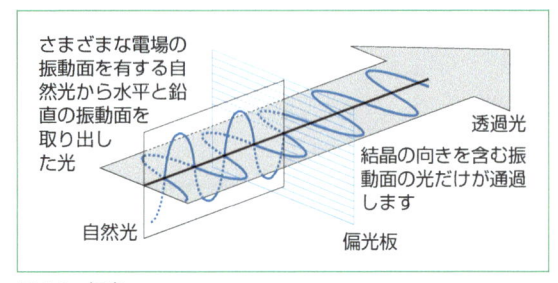

図 6-2 偏光
太陽からの自然光は、地面に水平に振動している光もあれば、垂直に振動している光もあります。また、斜めに振動しているものも含まれます。とくにどちらかの方向に偏っているわけではありません。このような光を偏光していない光といいます。ある特定方向にだけ振動する光を偏光といいます。

6.3 光の種類

電磁波の種類は、波長または振動数の範囲に応じて名称が付けられています。波長の短い順から宇宙線、ガンマ線（γ 線）・X 線・紫外線・可視光線・赤外線・電波などとよばれています（図 6-3）。γ 線と X 線は電磁波であることは同じですが、発生のメカニズムが違います。X 線は原子内の軌道電子の遷移や荷電粒子の減速により発生するのに対して、原子核のエネルギー状態の変化に伴い、放射されるのが γ 線です。

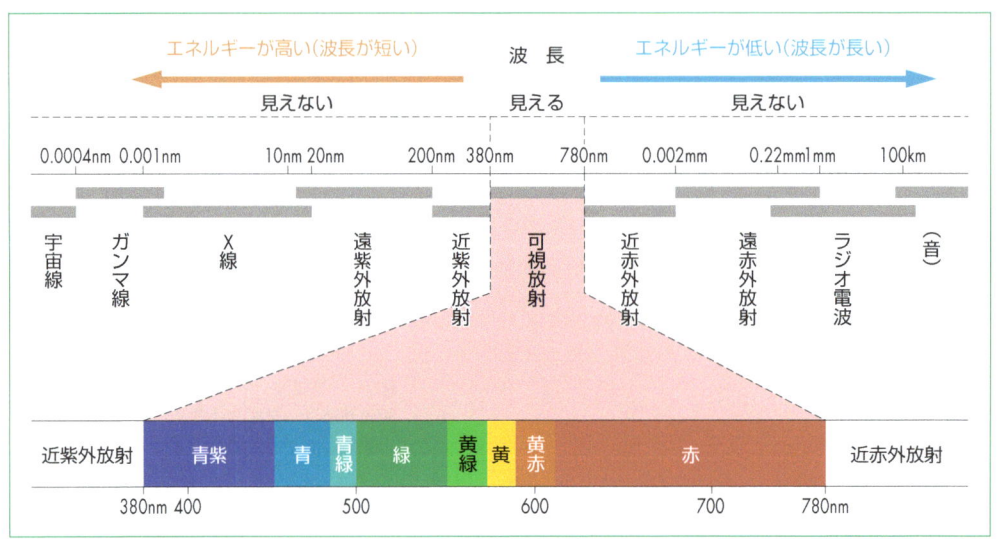

図 6-3 電磁波のスペクトル

光のエネルギー E [J] は、振動数 f [Hz] に比例（波長 λ [m] に反比例）し、次の式で表

されます。

$$E = h \cdot f = \frac{h \cdot c}{\lambda} \qquad (h はプランク定数：h = 6.63 \times 10^{-34} \text{ J·s})$$

6.4 光の反射と屈折

6.4.1 光の反射

雲の合間から太陽光がさしていると、光が直進することがよくわかります。しかし、光が直進しない場合もあります。もっともよく見かけるのが反射です。

反射面に垂直な線（法線）と入射光がなす角度を**入射角**、反射光がなす角度を**反射角**といいます。入射角 i と反射角 r は等しくなります（$i = r$）。この関係を**光の反射の法則**といいます。

物体の表面が鏡のようになめらかでなく、ミクロの凹凸があると、反射面がいろいろな方向に向いているため、反射光はさまざまな方向に散らばって進みます。これを**乱反射**といいます（図 6-4）。

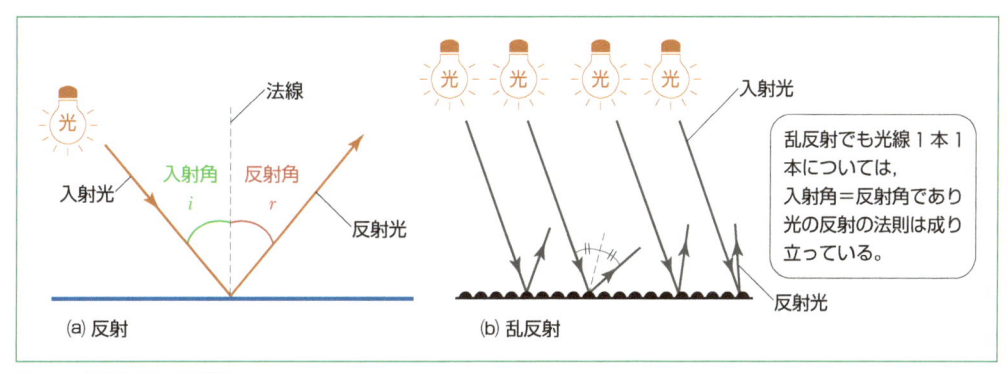

図 6-4　光の反射と乱反射

6.4.2 光の屈折

異なる媒質のところを通り過ぎると、光は曲がって進みます。たとえば、水中から空気中へ、ガラスの中から空気中へ、など違うところに入るとき、光は曲がって進みます。これを**光の屈折**といいます（図 6-5）。

光が真空中から、ある媒質中に入射するときの屈折率を**絶対屈折率**といいます。また、2 つの媒質の光速の比を**相対屈折率**といいます。真空中の光の速度を c [m·s^{-1}]、媒質中の光の速度を v [m·s^{-1}] とすると、媒質の絶対屈折率 n は、

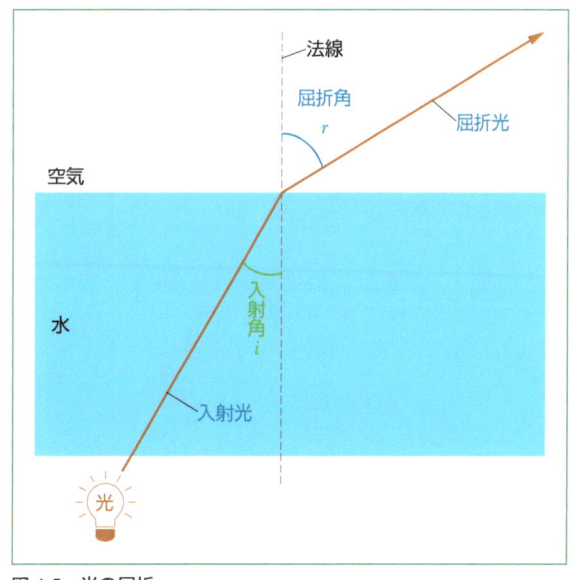

図 6-5　光の屈折

6.4　光の反射と屈折　　89

$$n = \frac{c}{v}$$

です。

屈折率 n_1 の媒質 1 から、屈折率 n_2 の媒質 2 への相対屈折率 n_{12}、光の真空中の速さを c [m·s^{-1}]、媒質 1、2 での速さをそれぞれ v_1 [m·s^{-1}]、v_2 [m·s^{-1}] とすると、絶対屈折率は、$n_1 = c/v_1$、$n_2 = c/v_2$ ですから、

相対屈折率は、

$$n_{12} = \frac{v_1}{v_2} = \frac{\frac{c}{n_1}}{\frac{c}{n_2}} = \frac{n_2}{n_1}$$

と表せます。

日本薬局方において、屈折率は試料の空気に対する相対屈折率で示し、通例、温度 20℃ で、光線はナトリウムスペクトルの D 線（λ = 589 nm）を使います。

光が屈折率の大きい媒質 n_1 から、小さい媒質 n_2 へ入射する場合、入射角 i より屈折角 r のほうが大きくなります。屈折率が大きな媒質は小さい媒質より**光学的に密**であるといい、逆を**疎**であるといいます。光が密な媒質から疎な媒質に進む場合、屈折が 90° になる時の入射角 i_0 を**臨界角**といいます（図 6-6）。

入射角が臨界角より大きくなると、光は境界面をまったく透過せず、完全に反射されます。この現象を**全反射**といいます（図 6-7）。

屈折率 n_1 の媒質から屈折率 n_2 （$n_1 > n_2$）に光が入射する場合の臨界角を i_0 とすると、

$$n_{12} = \frac{\sin i}{\sin r} = \frac{\sin i_0}{\sin 90°} = \frac{n_2}{n_1}$$

よって、

$$\sin i_0 = \frac{n_2}{n_1}$$

です。

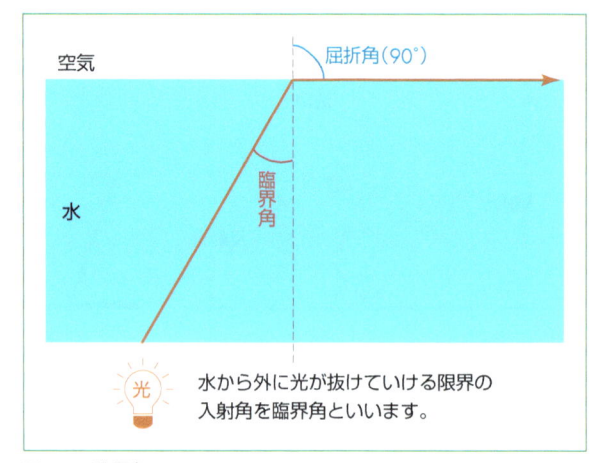

図 6-6　臨界角

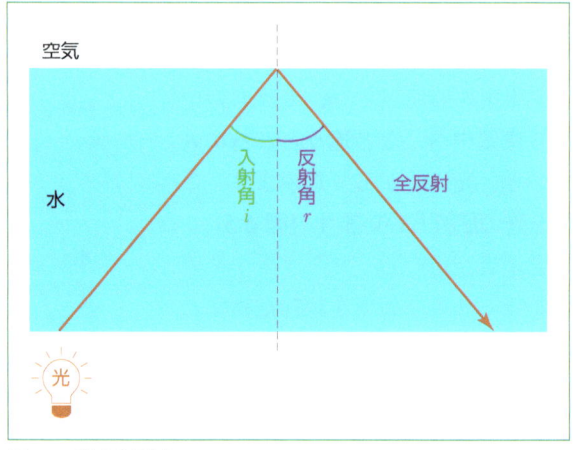

図 6-7　光の全反射

> **例題 6-1**
> 水の屈折率を 1.33、空気の屈折率を 1.00 とすると、臨界角は何度か求めなさい。

解説

$\sin\theta$ の値 a がわかっているときに、θ を求めるには、逆三角関数を用います。

$$\theta = \sin^{-1} a$$

臨界角を求める式に問題の値を代入すると、

$$\sin i_0 = \frac{n_2}{n_1} = \frac{1.00}{1.33} = 0.752$$

となります。逆三角関数を用いて角度を求めると、

$$i_0 = \sin^{-1} 0.752 = 48.8°$$

答：48.8°

光ファイバーは、全反射を利用して光を送っています。光ファイバーは、光通信や胃カメラなどの内視鏡などに応用されています。

光ファイバーは、屈折率の大きいガラスなどの繊維（コア）を屈折率の小さいガラスやプラスチック（クラッド）で包んだ構造をしています。光ファイバーがくねくねと曲がっていたとしても、入射した光は、境界面での入射角が大きいため、全反射を繰り返しながら進んでいきます（図 6-8）。全反射の反射率は 100％ですから、光の信号は減衰することなく、伝わっていきます。

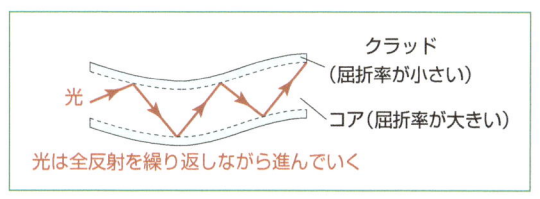

図 6-8　光ファイバー

6.5　光の干渉と回折

6.5.1　光の干渉

波に限らず、光はもうひとつの波と出会うと、強めあったり、弱めあったりします。

2つの光の波が同じかたちで同じ動きをしているとき（位相が等しいとき）、波の山と山が出会えば山の高さは2倍になり、谷と谷が出会えば谷の深さも2倍になります。

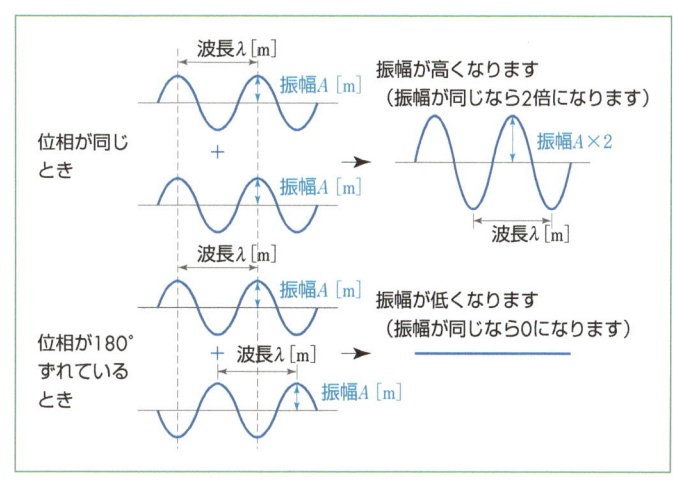

図 6-9　光の干渉

これが、半波長、すなわちπ位相がずれて振動している波と出会うと、山と谷が重なり合うことになり、山も谷も打ち消しあって振幅はゼロになります（図6-9）

山と山、谷と谷が重なれば明るく、山と谷が重なれば暗く見えることになります。光には、波の重なり合う**干渉**という現象がみられます。

図6-10のような光の干渉に関する実験をみてみましょう。左側から光を当てると、S_0の位置に穴の開いたスリットを通った光は回折を起こします。さらに、S_1、S_2に穴の開いたスリットを通った光は、また回折を起こし、それらは互いに干渉を起こします。その干渉を起こした波が右手にあるスクリーンによって観測されます。この光の干渉実験を**ヤングの実験**とよんでいます。

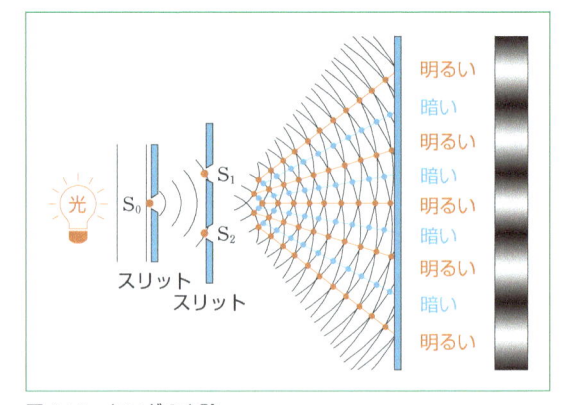

図6-10 ヤングの実験

図6-11のように、同一光源の光線がスリットQ_1とQ_2から出る光のうち、Q_1からPまでの光路長をr_1 [m]、Q_2からPまでの光路をr_2 [m] とすると、2つの光路長の差が波長λ [m] の整数倍（m）のときには、干渉し合って振幅が極大（明るくなります）になります。

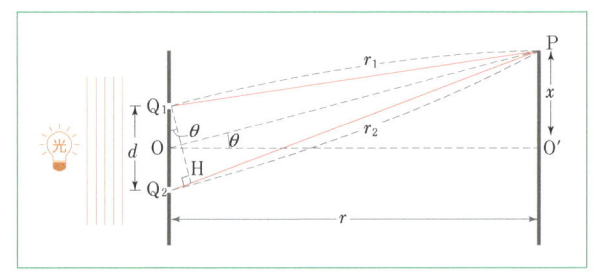

図6-11 同じ光源からの2つの光の干渉

$$|r_2 - r_1| = m \cdot \lambda = \frac{x \cdot d}{r}$$

一方、光路差が半波長の奇数倍だけずれるときには、振幅が極小（暗くなります）になります。

$$|r_2 - r_1| = (2m+1) \cdot \frac{\lambda}{2} = \frac{x \cdot d}{r}$$

球面をもつ平凸レンズと板ガラスを重ね、レンズの主軸と平行に真上から単色光を当てると、同心円状の縞模様が見えます。この縞模様を**ニュートンリング**といいます。

縞模様は、レンズ下面で反射した光aとガラス板の上面で反射した光bの干渉によって生じます（図6-12）。

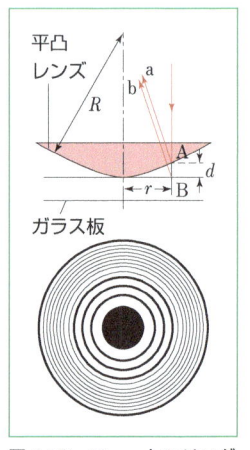

図6-12 ニュートンリング

平凸レンズの曲率半径（レンズに内接する球の半径）をR [m]、平凸レンズの中心からの距離r [m] とすると、

$$r = \sqrt{m \cdot \lambda \cdot R} \qquad \text{(暗いリング)}$$

$$r = \sqrt{(2m+1) \cdot \frac{\lambda}{2} \cdot R} \qquad \text{(明るいリング)}$$

という関係が成り立ちます。m の値は、リングの中心から何番目のリングであるかを表わしています。

ニュートンリングは、曲率半径の測定やガラス表面が完全な平面になっているかなどを検査するときに利用されています。

> **例題 6-2**
> 波長 589 nm（ナトリウム D 線）でニュートンリングの実験を行ったところ、中心から 5 番目の黒輪の半径が 2.70 mm でした。球面の曲率半径を求めなさい。

解説

$r = \sqrt{m \cdot \lambda \cdot R}$ を変形すると、曲率半径 R [m] は

$$R = \frac{r^2}{m \cdot \lambda}$$

と表わされます。この式に与えられている数値を代入すると、

$$R = \frac{(2.70 \times 10^{-3} \text{ m})^2}{5 \times (589 \times 10^{-9} \text{ m})} = \frac{7.29 \times 10^{-6} \text{ m}^2}{2945 \times 10^{-9} \text{ m}} = 0.00248 \times 10^3 \text{ m} = 2.48 \text{ m}$$

答：2.48 m

6.5.2 光の回折

光が媒質中を伝わり、細いスリットなどに差し込むときに、周囲に光の折れ曲がる現象が起こり、裏側に回り込むことを**光の回折**といいます。この現象は、波長が長いほど回折角（スリットの背後に回り込む角度）は大きくなります。

しきり板に小さな穴（ピンホール）を開けて光を透過させると、明暗の縞からなる同心円状の縞模様になります。これを**回折縞**（**回折像**）といいます（図 6-13）。中心に近いほど鮮明で、遠いほどぼけて広がる縞模様です。

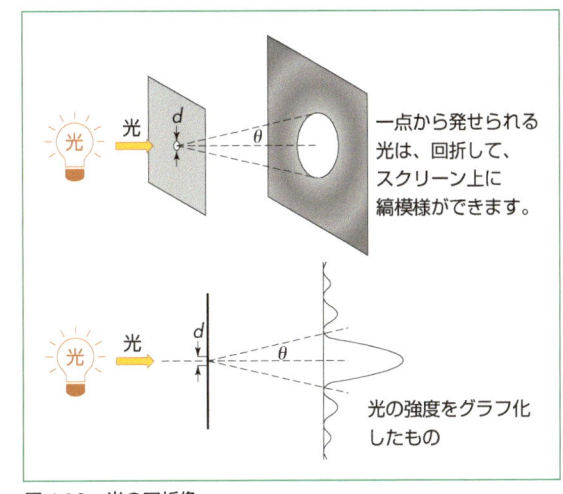

図 6-13 光の回折像

6.5 光の干渉と回折

ガラス板に1 cmあたり、500〜10,000本の割合平行な溝（格子）を刻んだものを**回折格子**といいます。回折格子の溝と溝の間が透明でスリットのはたらきをします（図6-14）。スリットとスリットの間隔を**格子定数**といいます。

回折格子に白色光線を入射させると、図6-14のようにそのまま直進する光線のほかに、数本の回折光がみられます。プリズムで分散を受けない単色光が2つ以上混ざっている光を**複色光**（複光）とよび、日光や電球光は7色の混合した光で、このような光をとくに**白色光**（白光）といいます。この回折格子のようにスリットがたくさんあると、スリットで回折した光が干渉しあって縞模様ができます。CDやDVDなどは情報を記録したトラック（溝）が等間隔に並んでいるため、反射された光に色がついてみえます。

このように回折格子は、規則正しく凹凸をつけた表面による光の反射と干渉やスリットによる回折を同時に引き起こすものです。そのため、プリズムと同じように白色光から単色光を取り出すことができます。

波長λ [m] の単色光を当てた場合について考えます。回折格子からスクリーンまでの距離がスリット間隔に比べて十分大きいので、それぞれのスリットを通過してスクリーンのある点に到達した光の道筋は、互いに平行であるとみなすことができます。スリット間隔をd [m] とします。隣り合ったスリットを通過し、θ方向に回折した光の光路差は、$d \cdot \sin\theta$ となります（図6-15）。この光路差が波長のちょうど整数倍（半波長の偶数倍）になるところに強めあって明るい明線ができ、波長の整数倍に半波長足した（半波長の奇数倍）ようになるところに弱め合って暗い暗線ができます。

回折格子に垂直に入射して、θ方向に回折して進む光について、m（$m = 0, \pm1, \pm2, \cdots$）を整数とした場合の明線条件式は、

$$d \cdot \sin\theta = m \cdot \lambda = 2m \cdot \frac{\lambda}{2}$$

暗線の条件式は、

$$d \cdot \sin\theta = \left(m + \frac{1}{2}\right) \cdot \lambda = (2m + 1) \cdot \frac{\lambda}{2}$$

となります。

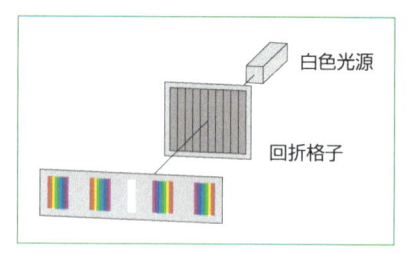

図6-14 回折格子
ガラス表面に500本から10000本の平行直線をなすように、光が通過できる部分を設け、通過した光が回折して相互に干渉し、スクリーン上に明瞭な明線を生じさせるようにしたものを、回折格子といいます。光が通過できる部分の隣接平行直線間の距離を格子定数といいます。
回折格子は、種々の波長が混ざった光（白色光）を波長ごとにわける（分散）光学素子です。

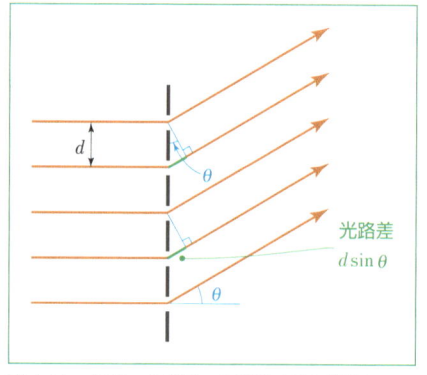

図6-15 スリットを通って直進する回折光

> **例題 6-3**
> 1 mm に 420 本の溝のある回折格子があります。これに直角に単色光を当てるとき、30°の向きに第 2 次の明線ができました。この光の波長を求めなさい。

解説

$d \cdot \sin\theta = m \cdot \lambda$ を変形すると、波長 λ [m] は

$$\lambda = \frac{d \cdot \sin\theta}{m}$$

と表わされます。
例題の格子定数を SI 単位で表わすと、

$$d = \frac{0.001}{420} = 2.38 \times 10^{-6} \text{ m}$$

$\sin 30° = 0.5$、$m = 2$ を波長 λ [m] を求める式に代入すると、

$$\lambda = \frac{2.38 \times 10^{-6} \times 0.5}{2} = 5.95 \times 10^{-7} \text{ m}$$

答：5.95×10^{-7} m

6.6 光の分散とスペクトル

スリットを通して白色光線をプリズムに当てると、この中を屈折した光線がスクリーン上に赤から紫までの順序で連続的に並んだ色帯となります。このように、**光がその成分波長に分かれる現象**を**光の分散**といいます。

波長の短い光ほど屈折率は大きくなります。また、**光をその波長によって分けた色帯**を**スペクトル**といいます（図 6-16）。

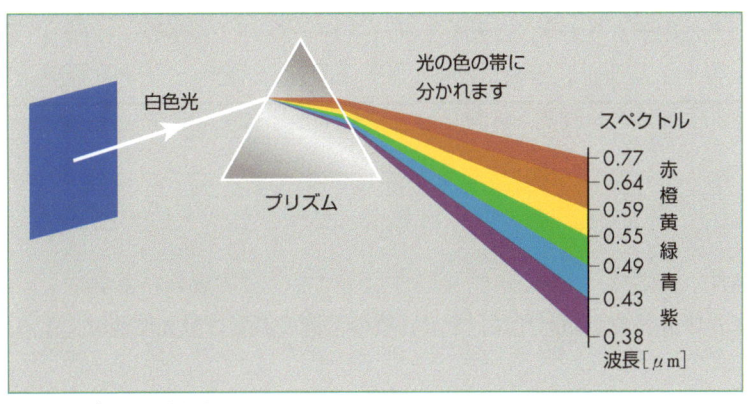

図 6-16 光のスペクトル

スペクトル

高温の物体から発する光は、赤から紫まで連続的に分布したスペクトルが観測されます。これを**連続スペクトル**といいます。気体放電や炎色反応などで高温の原子や分子から発する光は、元素に固有の特定の波長の光だけがとびとびの輝線となって観測されます。これを**線スペクトル**といいます。

白色光を低温の気体に通すと、気体はそれが高温であるときに出す光と同じ波長の光を吸収します。このときの通過光は、特定の波長の光が吸収されて暗線が観測されます。これを**吸収スペクトル**といいます。

線スペクトルや吸収スペクトルは、原子に固有な波長の位置に輝線や暗線が現れます。スペクトルの輝線や暗線のパターンを分析することにより試料気体中にどのような元素が含まれているかを調べることができます。このような分析法を**分光分析法**といいます。

光を回折格子やプリズムに入射すると、回折光や屈折光は光の波長（振動数）の違いにより異なる方向に分離して検出されます。入射光を波長（振動数）の違いで分離して調べる装置を**分光器**といいます。

6.7 光の吸収

物質に光を当てると、その一部は反射されますが、残りの部分は物質内に入り、さらにその一部の波長の光が**吸収**され、残りの光が物質を通過して外に出てきます。物質によって吸収特性があり、物質の成分を分析するのに用いられています。

可視光線は波長によって色が変化します。物質によって光の吸収が起こるとき、その物質の色は吸収した光の**補色**となります。たとえば、物質の色が黄色の光を吸収するとすれば、その吸収された光の色の補色が認識されることになります。すなわち、この物質は青く見えることになります。また、赤く見える物質は、赤の補色である青緑色の光を吸収しています。

吸光度を測定することにより、その物質の濃度を定量的に分析する方法を一般的には、**吸光度分析法**、または**吸光光度法**といいます。

均一な溶液では、その中を透過する光の強さは、光路長（光が透過する長さ）に対して指数関数的に減少し（ランバートの法則）、溶液の濃度に対して指数関数的に減少する（ベールの法則）という法則があります。これを**ランバート・ベールの法則**といいます（図6-17）。

入射光の強さを I_0 [cd]、透過光の強さを I [cd]、光路長を l [cm]、溶液の濃度を c [mol·L^{-1}] とすると、吸光度 A は、

$$A = \log \frac{I_0}{I} = \varepsilon \cdot c \cdot l$$

で表されます。ここで、ε [mol^{-1}·L·cm^{-1}] を**モル吸光係数**といいます。

物質のモル吸光係数がわかれば、その物質の溶液の濃度は吸光度測定によって求めることができます。

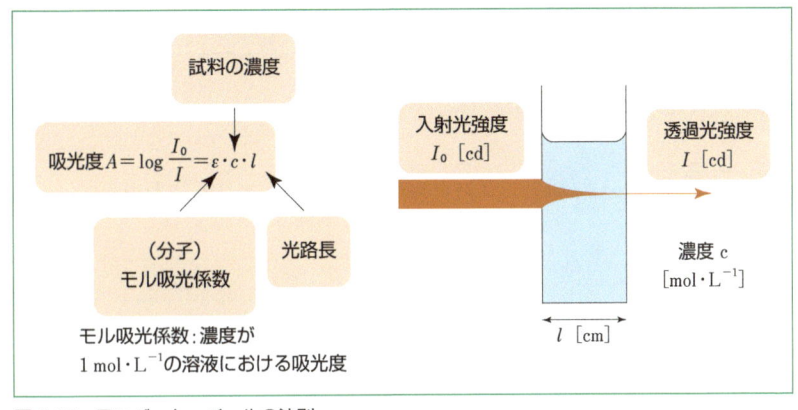

図6-17 ランバート・ベールの法則

6.8 レーザー光

6.8.1 レーザー光とは

電球や蛍光灯などから出る光は、励起された原子からの自然放出を利用しています。各原子から出る光の位相はばらばらです。それに対して、レーザー光は誘導放出を利用して単色の光を増幅して得られます。原子から出る光は位相がそろっています。

レーザー（LASER）は、Light Amplification by Stimulated Emission of Radiation（放射の誘導放出による光の増幅）の頭文字に由来します。

6.8.2 レーザー光の原理

原子や分子の中の電子は、外部からエネルギーを与えると、高いエネルギーをもつようになり、より高いエネルギー準位へ移る性質があります。これを**励起**といいます。高いエネルギー準位にある電子は不安定なため、吸収されたエネルギーを光として放出して、より安定なエネルギー準位へ戻る特性があります。

これを応用し、ルビーの結晶に強烈な閃光ランプのような光を当てると、ルビーの結晶中の電子が励起され、吸収されたエネルギーが1つの波長だけの光となって放出されます。この光は、結晶の両端面で繰り返し反射している間に位相の一致した光となって結晶から飛び出してきます。この光を**レーザー光**といいます（図6-18）。指向性とは、波動の光源が放射するエネルギーの大きさが方向によって異なる現象をいいます。どの方向にも一様にエネルギーを放射するときは、指向性がない、といえます。

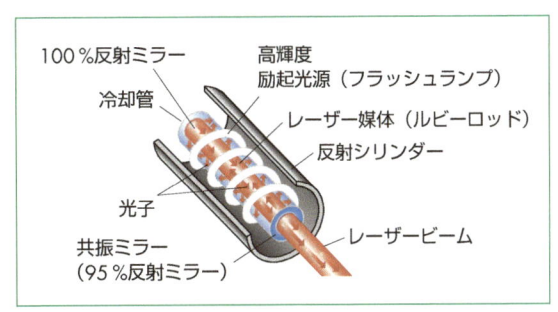

図6-18 レーザー光の発生原理
励起光源から発せられた光を受けたレーザー媒体が自ら光を発し始めます。レーザー媒体から発した光を共振器ミラーで反射させ、レーザー媒体に戻します。反射の繰り返しによってレーザー光を増幅させ、一定のレベルに達した段階で発振します。

レーザー光は、指向性に優れ、強力なエネルギーをもっています。

低いエネルギー準位を E_1 [J]、高いエネルギー準位を E_2 [J] とすると、このとき吸収あるいは自然放出される光の振動数 f [Hz] は、

$$f = \frac{E_2 - E_1}{h}$$ 　　　（h はプランク定数：$h = 6.63 \times 10^{-34}$ J·s）

と表せます。

原子に振動数 f [Hz] の光を入射すると、この光に誘発されて、原子は入射光と同じ向きに同じ振動数 f [Hz] で同じ位相の光を放出します（**誘導放出**）（図 6-19）。

外部からエネルギーを注入すると、エネルギー E_2 [J] の原子が数多く存在するようになります。エネルギー E_2 [J] の原子の数が多くなると、さらに強い誘導放出が起こり、光のエネルギーは増加します（**光の増幅**）。

向かい合わせの 2 枚の反射鏡により、レーザーの母体となった光をレーザー媒質の中を何度も往復させ、パルス的で方向も定まらない光を定常波にし、連続的で一方向のレーザーを得ます。向かい合う鏡の位置は非常に重要で、2 つの鏡の間でレーザー光が共振して定常波をつくりだす間隔に設定しなければなりません。

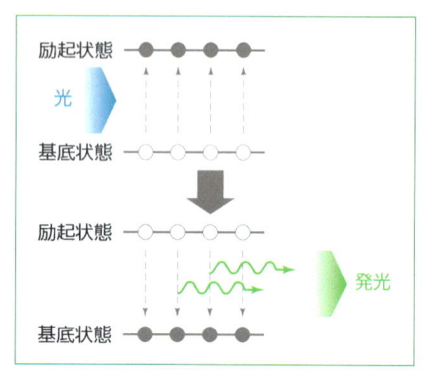

図 6-19　誘導放出
媒質原子は励起状態にとどまる時間が限られていて、すぐにより安定した基底状態へ戻ります。このとき媒質原子は、励起状態と基底状態のエネルギー差に等しいエネルギーの電磁波（光）を放出します。自然放出（自発放出）とは異なり、外的作用により励起状態をつくりだし、光の放出を行うことを誘導放出といいます。

鏡で反射を繰り返したレーザー光は、波長、位相、偏光がそろい、十分に増幅されると、片側の鏡を通り抜け、レーザー光として外部に放出されます。

6.8.3　レーザー光の応用

レーザー光は、指向性の強いビーム状の光であることから、レーザーポインターやレーザー距離計などに応用されています。

レーザー光は、強いエネルギーの光を小さな部分に集中させることができることから、医療用としてレーザーメス、レーザーによる腫瘍の治療などに応用されています。レーザー光を集束させると、その部分が高いエネルギー密度となり、瞬間的に温度が上昇します。この熱作用を応用したのがレーザーメスです。

レーザー光は、位相がそろっていて可干渉性がきわめてよいことから、レーザーの干渉による精密距離計測、立体的に画像を表示するホログラフィーなどに利用されています。

それ以外にも、バーコード、CD、DVD などの光記憶媒体のデータ読み取り、光ファイバーを用いた長距離光通信、レーザープリンターなどにも利用されています。

第7章

電場と磁場

7.1 電荷

7.1.1 電荷と電荷の保存則

物質は原子からできています。原子は、その**中心**に位置する**原子核**と、そのまわりを取り巻く**電子**という極めて小さい粒子（微小粒子）からできています。原子核は、**陽子**と**中性子**という微小粒子からできています（図7-1）。

微小粒子は「電気」という性質をもつことができ、陽子はプラス、電子はマイナス、中性子は中性の電気的性質をもっています。

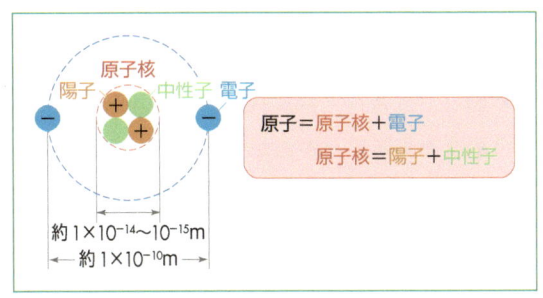

図7-1 原子の構造の例（ヘリウム）

電子の放出または取込みで陽子の数と電子の数が違ってしまった状態を**イオン**といいます。陽子の数が電子の数より多い場合を**陽イオン（カチオン）**といい、陽子の数が電子の数より少ない場合を**陰イオン（アニオン）**といいます。

電解質溶液に陽イオンを吸い付ける微粒子を混ぜると、微粒子の周りに陽イオンが多く集まるなど、イオンの分布に偏りが生じます。このように、電気的に偏りを生じることを**帯電**といい、帯電した物質を**帯電体**とよびます（図7-2）。そして、微粒子の周りに集まったイオンの総量を**電荷**といいます。陽イオンのほうが陰イオンより多く集まった場合（⊕の数＞⊖の数）を**正電荷**（が帯電している）といいます。逆に、陽イオンのほうが少ない場合（⊕の数＜⊖の数）を**負電荷**（が帯電している）といいます。また、正電荷と負電荷が同じ量存在すると電荷量は0になります。このような状態を**中性**といいます。

ガラス棒を絹布でこすると、ガラス

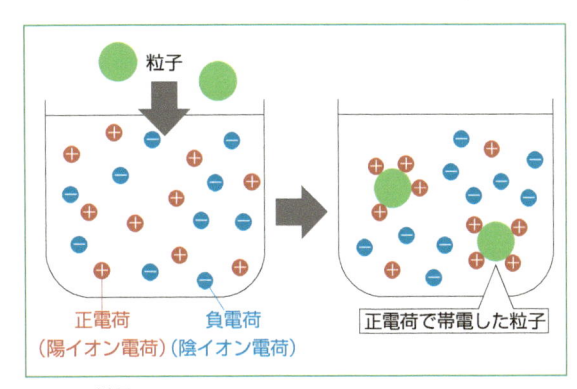

図7-2 帯電

棒に正電荷が生じ、絹布に負電荷が生じます。このとき、ガラス棒に生じた正電荷量の絶対値と絹布に生じた負電荷量の絶対値は等量です。つまり、生じた電荷の和は 0 ということになります。このように、全電荷（つまり正と負を考慮した電荷の和）は増加も減少もせず、一定であることを**電荷の保存則**といいます。

帯電体の大きさが無視できるほど小さい電荷を**点電荷**といいます。また、帯電した電荷の量を**電気量**ともいいます。

電荷と電気はほとんど同義語ですが、個々の物体などがもつ電気をさすときには電荷という言葉が用いられます。

7.1.2 静電気力と静電誘導

脇の下に挟んで衣服とこすり合わせたプラスチックの下敷きを細かな紙片に近づけると、紙片は下敷きに引きつけられます。これはこすったときに摩擦で電気が下敷きに発生したためです。

いろいろな材質の物体どうしをこすり合わせて摩擦電気を発生させ、お互いの間ではたらく力を調べてみると、お互いに反発する場合と、引きあう場合があることがわかりました。これは、正電荷と負電荷の 2 種類を考え、同符号の間には、反発する斥力が、異符号の間には引きあう引力がはたらくとすれば説明できます。このような電荷の間にはたらく力を**静電気力**（**クーロン力**）といいます。

全体として中性な金属に正符号に帯電した物体（帯電体）を近づけると、金属の帯電体に近いほうに負電荷が生じ、反対に金属の帯電体から遠いほうに正電荷が生じます。これは、帯電体の正電荷による引力で金属内の負電荷の自由電子が引き寄せられたためです（図 7-3）。このような現象を**静電誘導**といいます。

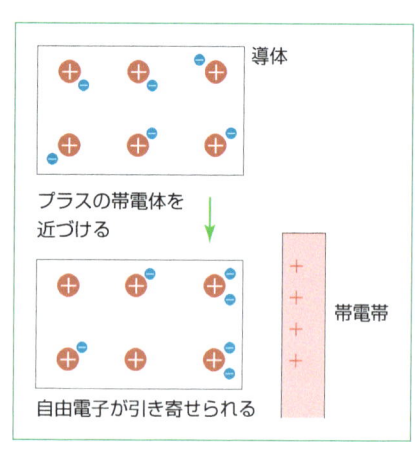

図 7-3 導体の静電誘導

7.1.3 電気素量

陽子の数が電子の数より 1 つ多い 1 価陽イオンがもつ電荷の大きさを**電気素量**または**素電荷**といい、電気量の最小単位となっています。電気素量は、電子の電荷の符号を変えた量ともいえます。電気素量 e ＝陽子の電荷＝（－1）×電子の電荷ということになります。その大きさは、有効数字 4 桁で下記のようになります。単位の記号 C は、**クーロン**といいます。

$$e = 1.602 \times 10^{-19} \text{ C} \quad \cdots ①$$

すなわち、電子の電気量は -1.602×10^{-19} C、陽子の電気量は $+1.602 \times 10^{-19}$ C、中性子の電気量は 0 C です。

電解質溶液で扱う電気量は、この電気素量とイオンの数とその価数をかけた量で表すことができます。電解質溶液中のイオンすべての電気量 Q [C] は、

電気量 (Q) ＝ イオンの価数 × イオンの物質量 [mol] × 電気素量 [C] × アボガドロ定数 [mol^{-1}]

（Na$^+$、K$^+$ などなら "1"、Mg^{2+}、Ca^{2+} なら "2"）　（1.602×10^{-19}）　（6.022×10^{23}）

と表すことができます。単位は、クーロン [C] です。アボガドロ定数は、原子、分子、イオン、電子などの物質 1 モルの中に含まれる粒子の数をいいます。

> **例題 7-1**
> 1.000 モルの 1 価の陽イオンの電気量 Q [C] はいくらになるか求めなさい。

解説

上記の式に質問の値を代入していきます。

$$Q = 1 \times 1.000 \times 1.602 \times 10^{-19} \times 6.022 \times 10^{23} = 9.647 \times 10^4 \text{ C}$$

（価数）（物質量）（電気素量）（アボガドロ定数）

答：9.647×10^4 C

　これら正電荷と負電荷が電解質溶液中を移動すると、それが**電流**という現象になります。いいかえると、電流は、電荷の移動する流れということになります。

　その電流には、流れる向きと強さがあります。**電流の向き**は、正電荷が移動する向きと決められています（図 7-4）。**電流の強さ**は、ある導体断面を 1 秒間に移動した電荷量で示します（図 7-5）。その導体断面を 1 秒間に 1 C の電荷が移動した場合、その電流の大きさは 1 アンペア A です。

　導体断面を移動する電荷の量が ΔQ [C]、測定した時間が Δt [s] であった場合、電流の強さ I [A] は以下の式で表すことができます。

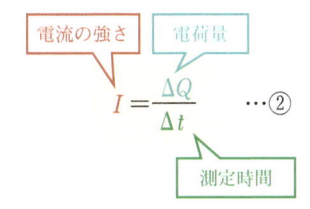

$$I = \frac{\Delta Q}{\Delta t} \quad \cdots ②$$

（電流の強さ）（電荷量）（測定時間）

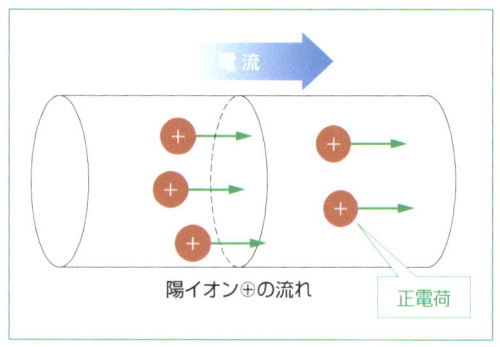

図 7-4　正電荷の向きと電流の向き

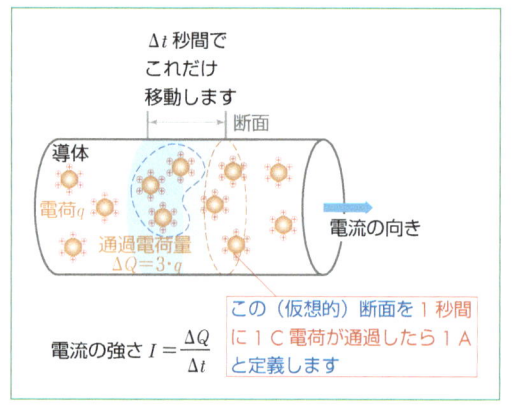

図 7-5　電流の強さ

> **例題 7-2**
> 電解質溶液内の仮の平面を通過する電荷の量が 5.0 秒間で 6.0 C と一定であった場合、その電流の大きさ I [A] を求めなさい。

解説

②式にそれぞれの値を代入すると、

$$I = \frac{\Delta Q}{\Delta t} = \frac{6.0}{5.0} = 1.2 \text{ A}$$

となります。

答：1.2 A

生物にはさまざまな膜があり、そこを通過する電流を測定することがあります。膜には、イオンを通過させるチャネルが多数存在しています。これらのチャネルをどのくらいのイオン数が通過したかは、電流値から求めることができます。

①式から、1 C は 6.24×10^{18} 個の 1 価陽イオンの電気量に相当します。もし、Na^+ チャネルを電流が 10^{-12} アンペア（1 ピコアンペア）流れたとすると、1 秒間にその膜を通過した Na^+ イオンの量は、$6.24 \times 10^{18} \times 10^{-12} = 6.24 \times 10^6$ 個になります。

7.1.4　導体と絶縁体

電気をよく通す物質を**導体**、通さない物質を**絶縁体**といいます。導体と絶縁体の中間に位置する物質として**半導体**があります。

導体、半導体、絶縁体の区分は、電気の流れやすさ、通しやすさによって左右されます。電気の流れやすさは、**自由電子**の数に関係しています（図 7-6）。自由電子の数が多いほど電気は通りやすく、自由電子の数が少ないほど、電気を通しにくいことになります。

銅やアルミニウムなどは導体とよばれ、自由電子の数が多く、電気をよく通す物質です。ほかにも金や銀、鉄なども導体です。金属中には自由電子が存在するため、金属は導体になりま

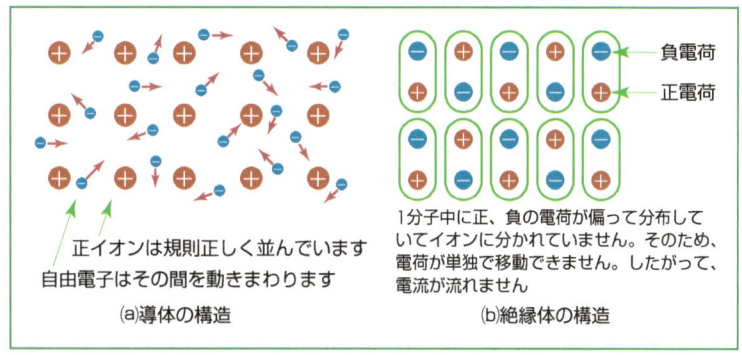

図7-6 導体と絶縁体

す。金属以外の導体では、黒鉛があります。黒鉛は金属ではありませんが、電気をよく通すことができます。

　水は、一般的に電気を通す物質と位置付けられています。しかし、不純物をまったく含まない純水は絶縁体となり、電気が流れません。純水に塩化ナトリウムを混ぜると、NaClがNa$^+$とCl$^-$に電離するため、電流が流れるようになります。

　空気などの気体は、絶縁体に位置付けられますが、大きな電圧をかけることで絶縁が破壊され、導体に変化します。たとえば、雷にみられるアーク現象は、絶縁破壊された空気が導体として成り立っている状態です。

　ゴムやガラスなどは、電気を通さない絶縁体です。絶縁体は、電子が束縛されており、自由電子がほとんどない状態のため、かなり高い電圧をかけなければ自由電子が発生しません。

　半導体は、導体と絶縁体の両方の特性をもっており、温度によって絶縁性能が変化する特殊な導体として位置づけられます。半導体は低温においては、絶縁体としての性質をもっていますが、温度が上昇することによって、自由電子の移動が活発になり、電流が流れやすくなります。

7.1.5 クーロンの法則

　静止した2の点電荷 q_1 [C] と q_2 [C] にはたらく力は、クーロンによって法則化されました。

> （1）それぞれの電荷にはたらく力は、その2つのの点電荷を結ぶ直線方向に作用します。
> （2）2つの点電荷 q_1 [C] と q_2 [C] のそれぞれにはたらく力の大きさ（強さ）は等しく、その向きは反対です。作用・反作用の法則が成立します。
> （3）2つの点電荷 q_1 [C] と q_2 [C] が正と負の電荷の組合せであれば、はたらく力は引力です。同符号（正と正、負と負）の電荷の組合せであれば、反発力（斥力）です。
> （4）2つの点電荷 q_1 [C] と q_2 [C] の間にはたらく力の大きさ（強さ）は、それぞれの電荷の積に比例し、2つの点電荷の距離 r [m] の二乗に反比例します。

　これをクーロンの法則といい、この法則にしたがう力をクーロン力といいます（図7-7）。
　電気量 q_1 [C] と電気量 q_2 [C] の点電荷の間にはたらくクーロン力の大きさ（強さ）は、クーロンの法則から、

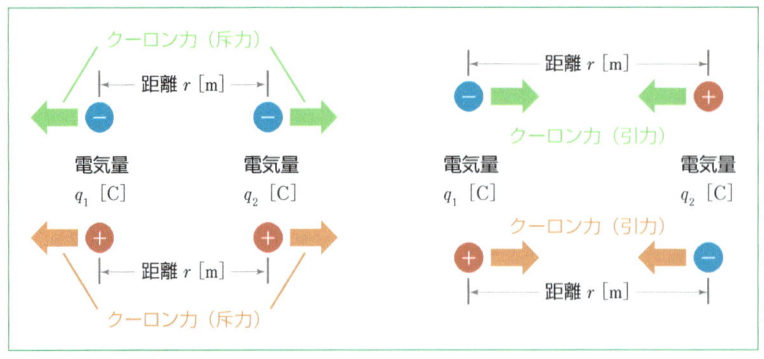

図7-7 クーロン力

$$\text{クーロン力 } F = \text{比例定数 } k \times \frac{\text{電気量 } q_1 \times \text{電気量 } q_2}{(\text{距離 } r)^2} = k\frac{q_1 \cdot q_2}{r^2} \quad \cdots ③$$

と表されます。F [N] が正のときは反発力で、負のときは引力です。

この式での比例定数 k は、帯電体のまわりにある物質の性質で決まる定数です。

帯電体のまわりに何もない真空の場合は k_0 という別の記号で表し、その比例定数の値は、

$$k_0 = 8.987 \times 10^9 \text{ N·m}^2\text{·C}^{-2} \fallingdotseq 9.0 \times 10^9 \text{ N·m}^2\text{·C}^{-2} \quad \cdots ④$$

となります。この値は、空気中でもほぼ同じです。この真空中での比例定数 k_0 は、以下の式で表すことができます。

$$k_0 = \frac{1}{4\pi \cdot \varepsilon_0} = c^2 \times 10^{-7} \quad \cdots ⑤$$

$\varepsilon_0 = 8.8542 \times 10^{-12}$ ($\text{C}^2\text{·N}^{-1}\text{·m}^{-2} = \text{F·m}^{-1}$) は真空の誘電率、$c$ は真空中の光速度 ($2.9979 \times 10^8 \text{ m·s}^{-1}$) です。**F** は**ファラド**と読み、$1 \text{ F} = 1 \text{ C}^2\text{·(N·m)}^{-1} = 1 \text{ C}^2\text{·J}^{-1}$ の関係を満たす単位となります。

SI 単位系でのクーロンの法則は、③式に⑤式を代入して、

$$F = \underset{k_0}{\underbrace{\frac{1}{4\pi \cdot \varepsilon_0}}} \cdot \frac{q_1 \cdot q_2}{r^2} \quad \cdots ⑥$$

で表すことができます。

> **例題 7-3**
>
> Na 原子の原子核と最外殻電子（原子核からもっとも遠い電子）の距離を 5.0×10^{-10} m と評価した場合、陽子数 11 の原子核（電気量 $+11\,e$）と最外殻電子（電気量 $-e$）の間にはたらくクーロン力 F [N] を求めなさい。なお、原子核と最外殻電子の間に存在する 10 個の電子の影響は無視して計算しなさい。

解説

クーロン力の大きさを求める式に例題の値（有効数字 2 桁）を代入していきます。

$$F = (9.0 \times 10^9 \text{ N·m}^2\text{·C}^{-2}) \times \frac{11 \times (1.6 \times 10^{-19} \text{ C}) \times (-1.6 \times 10^{-19} \text{ C})}{(5.0 \times 10^{-10} \text{ m})^2}$$

（原子内の真空／原子核の電荷／電子の電荷／原子核と電子の距離）

$$= (9.0 \times 10^9 \text{ N·m}^2\text{·C}^{-2}) \times \frac{(17.6 \times 10^{-19} \text{ C}) \times (-1.6 \times 10^{-19} \text{ C})}{25 \times 10^{-20} \text{ m}^2}$$

$$= (9.0 \times 10^9 \text{ N·m}^2\text{·C}^{-2}) \times \frac{-28.16 \times 10^{-38} \text{ C}^2}{25 \times 10^{-20} \text{ m}^2} = \frac{-253.44 \times 10^{-29}}{25 \times 10^{-20}} \text{ N} = -10.1376 \times 10^{-9} \text{ N}$$

答えは、有効数字 2 桁で計算して、-1.0×10^{-8} N となります。負符号なので、このクーロン力は引力となります。

答：-1.0×10^{-8} N

空気中での k [N·m^2·C^{-2}] の値は、真空中での値 k_0 とほとんど変わりませんが、水中では、k_0 [N·m^2·C^{-2}] の 80 分の 1 倍になります。つまり、水中では、同じ電気量の帯電体の間には

NaCl 分子

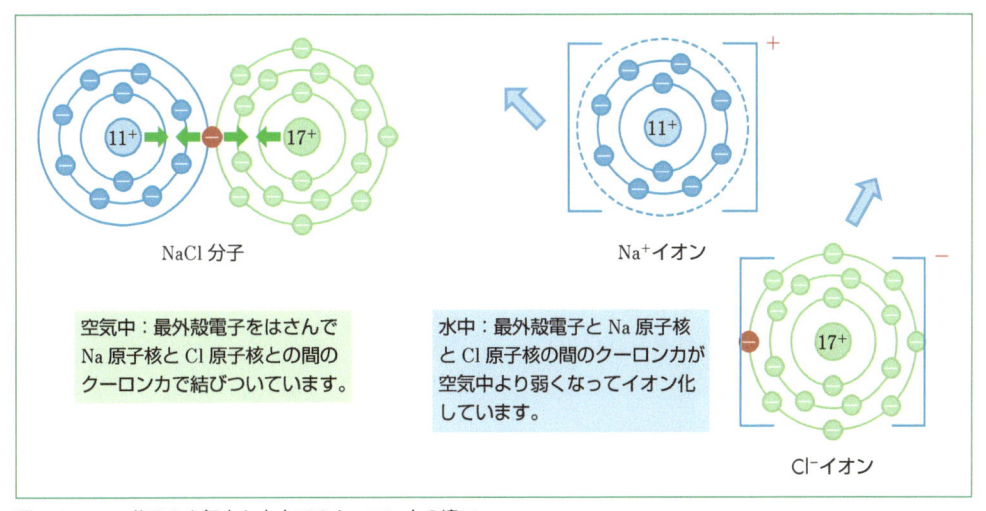

空気中：最外殻電子をはさんで Na 原子核と Cl 原子核との間のクーロン力で結びついています。

Na$^+$ イオン

水中：最外殻電子と Na 原子核と Cl 原子核の間のクーロン力が空気中より弱くなってイオン化しています。

Cl$^-$ イオン

図 7-8　NaCl 分子の空気中と水中でのクーロン力の違い

たらくクーロン力の大きさ（強さ）が空気中の80分の1になります。

　NaCl化合物の場合、NaCl分子を水の中に入れると、原子核と電子の間のクーロン力が弱くなり、互いを結びつけるクーロン力が弱くなって、Na原子とCl原子がそれぞれイオン化し、Na⁺とCl⁻になります（図7-8）。

7.2　電場

7.2.1　電場と電場の大きさ

　電荷を置いたときに電気力（クーロン力）が発生する空間を電場（電界）といいます。図7-9は、正（＋）の電気量をもつ帯電体のまわりの電場を表した模式図です。図7-9の中心部にある帯電体の電気量や位置が変化すると、そのすぐそばの電場が変化し、その後、その外側の電場が変化して、次々とまわりに変化が伝わっていきます（図7-10）。

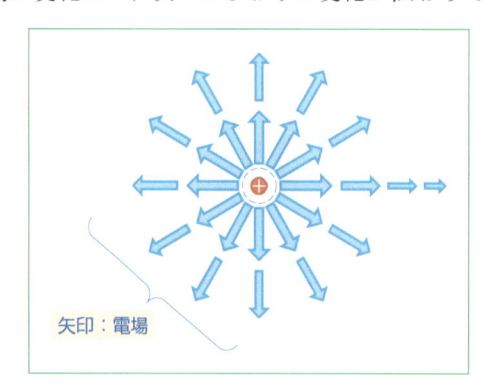

図7-9　電場

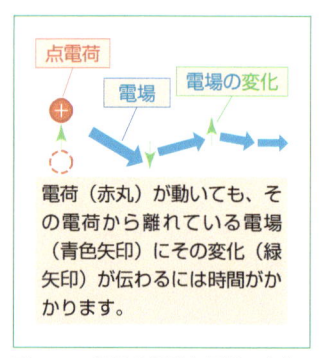

図7-10　電荷の移動と電場の変化

電荷（赤丸）が動いても、その電荷から離れている電場（青色矢印）にその変化（緑矢印）が伝わるには時間がかかります。

　この電場の変化が伝わっていく現象は波と同じなので、それを電波とよびます。帯電体の位置や電気量を人間が人工的に変えると、電場の変化を人工的に制御できます。
　そのため、電波そのものも人工的に制御され、それを利用しているのが現在の電波技術です。この節では、電場の理解を深めるため、時間的に変化しない電場（これを静電場といいます）に限って扱うことにします。
　電場の大きさは、帯電体のまわりに電気量＋1Cのテスト電荷（試験電荷、探り電荷などといったりします）を置いた場合に、そのテスト電荷にはたらくクーロン力の大きさに等しいと定義します。
　電場の向きについてもテスト電荷にはたらくクーロン力の向きに等しいと定義します。
　電気量がQ [C]の点電荷のまわりに生じる電場の大きさE [N・C⁻¹]は、クーロンの法則から求められます。
　電場を発生させる帯電体の電気量をQ [C]

図7-11　テスト電荷にはたらくクーロン力

$$E = k_0 \frac{Q}{r^2}$$

とする場合、そこから距離r [m] 離れた位置にある電気量＋1Cのテスト電荷にはたらくクー

ロン力の大きさが電場の大きさ E [N·C^{-1}] です（図7-11）。

③式に $q_1 = Q$ [C]、$q_2 = +1$ C を代入し、距離を r [m] で表せば、

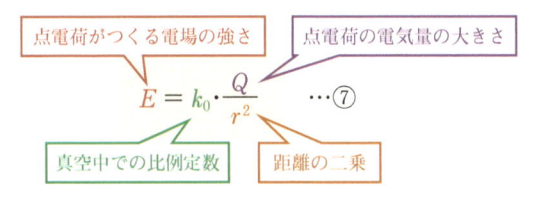

$$E = k_0 \cdot \frac{Q}{r^2} \quad \cdots ⑦$$

- 点電荷がつくる電場の強さ
- 点電荷の電気量の大きさ
- 真空中での比例定数
- 距離の二乗

となります。

逆に、点電荷（電気量 Q [C]）から距離 r [m] 離れた位置の電場の大きさが E [N·C^{-1}] とあらかじめわかっている場合、その位置に電気量 q [C] の点電荷をおいたとき、その後からおいた点電荷にはたらくクーロン力の大きさ F [N] は、

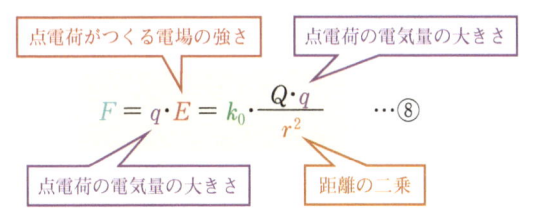

$$F = q \cdot E = k_0 \cdot \frac{Q \cdot q}{r^2} \quad \cdots ⑧$$

- 点電荷がつくる電場の強さ
- 点電荷の電気量の大きさ
- 点電荷の電気量の大きさ
- 距離の二乗

と表されます（図7-12）。

⑧式から、電場の大きさの単位が決定できます。クーロン力の大きさの単位は（力の大きさの単位なので）1 N です。後から置いたテスト電荷の電気量が1 C のときに1 N の大きさの力がはたらいた場合を電場の大きさの単位とし、この量を 1 N·C^{-1}（ニュートン毎クーロン）といいます。

たとえば、テスト電荷（電気量＋1 C）に 3 N の大きさのクーロン力がはたらいた場合、その位置の電場の大きさは 3 N·C^{-1} となります。言い換えると、3 N·C^{-1} の電場に置かれた＋1 C の電荷は 3 N の力を受けるともいえます。

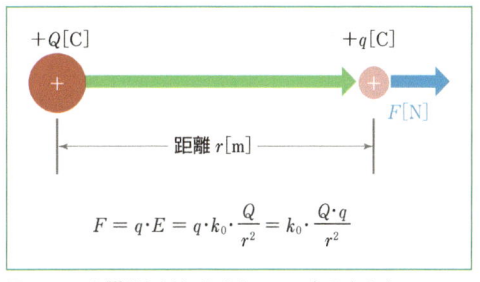

$$F = q \cdot E = q \cdot k_0 \cdot \frac{Q}{r^2} = k_0 \cdot \frac{Q \cdot q}{r^2}$$

図7-12　点電荷にはたらくクーロン力の大きさ

例題 7-4

Na 原子の原子核から距離 5.0×10^{-10} m 離れた位置の電場の大きさを有効数字2桁で求めなさい。なお、Na 原子核の電気量は＋11 e とします。

解説

Na 原子核のまわりは真空であると考えて、点電荷のまわりの電場の大きさを表す⑦式 $E = k_0 \cdot (Q/r^2)$ に $r = 5.0 \times 10^{-10}$ m と $Q = 11e = 11 \times 1.6022 \times 10^{-19}$ C を代入します。

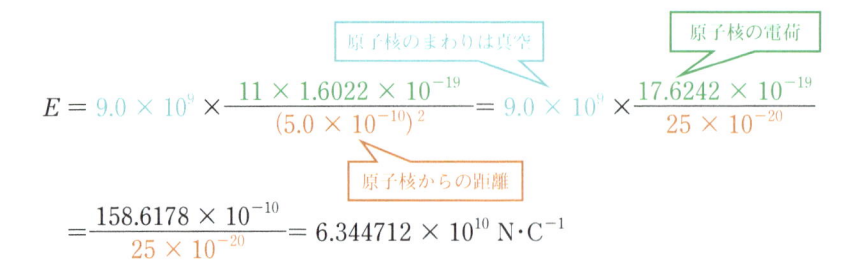

$$E = 9.0 \times 10^9 \times \frac{11 \times 1.6022 \times 10^{-19}}{(5.0 \times 10^{-10})^2} = 9.0 \times 10^9 \times \frac{17.6242 \times 10^{-19}}{25 \times 10^{-20}}$$

（原子核のまわりは真空／原子核の電荷／原子核からの距離）

$$= \frac{158.6178 \times 10^{-10}}{25 \times 10^{-20}} = 6.344712 \times 10^{10} \text{ N·C}^{-1}$$

答えは、有効数字2桁で計算して 6.3×10^{10} N·C^{-1} となります。

答：6.3×10^{10} N·C^{-1}

2つ以上の点電荷がある場合、そのまわりに生じる電場を求めるには、電場がベクトルで表される点に注意しなければなりません。

図7-13は、電気量が同じ Q [C] である2つの点電荷のまわりに生じる電場を矢印で表した模式図です。

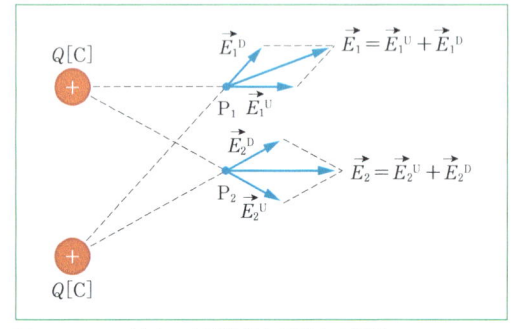

位置 P_1 には、下側の点電荷により生じる電場 $\vec{E}_1^D$ と上側の点電荷により生じる電場 $\vec{E}_1^U$ の2つの電場が存在するので、それらのベクトル和がこの点での電場 $\vec{E}_1$ になります。すなわち、

図7-13　2つ以上の点電荷がある場合の電場

$$\vec{E}_1 = \vec{E}_1^U + \vec{E}_1^D \quad \cdots ⑨$$

となります。

したがって、位置 P_1 での電場の大きさは、図7-13 に示された平行四辺形の対角線の大きさになります。位置 P_1 以外の点（たとえば P_2 など）でも、同様にベクトル和で計算することになります。

このように、2つ以上の点電荷によって生じる電場が、点電荷毎に生じる電場のベクトル和で表される性質を電場の**重ね合わせの原理**といいます。

⑨式では、2つの点電荷により生じる電場の求め方を示しました。具体的に計算することになると、煩雑な作業が必要だということがわかると思います。2つ以上の点電荷が連続的に分布している場合などは、そのまわりの電場を求めるのはさらに複雑になることが容易に推測されるでしょう。そのような場合は、**ガウスの法則**を用いて電場を求めます。

ガウスの法則の概念は複雑なので、ここではそれを用いた結果について具体例をいくつか示すだけとします。

帯電体の形状が無限に長い直線状の場合

帯電体の形状が直線状の場合、その電気量を表すには、1 m（長さの単位）あたり電気量がいくらになるかで表すのが便利です。この単位長さ1 mあたりの電気量を**電荷線密度**といいます。図7-14の例では、1 mあたりλクーロンの電気量なので、その電荷線密度はλ $[\mathrm{C \cdot m^{-1}}]$ となります。

この無限に長い帯電体のまわりに生じる電場の向きは、図7-14のように帯電体に直交する平面にそって、λ $[\mathrm{C \cdot m^{-1}}] > 0$ なら帯電体から離れる向き、λ $[\mathrm{C \cdot m^{-1}}] < 0$ なら帯電体へ近づく向きとなります。帯電体から垂直距離 r [m] の位置の電場の大きさ（強さ）E $[\mathrm{N \cdot C^{-1}}]$ は、

$$E = 2k_0 \cdot \frac{\lambda}{r}$$

となることがガウスの法則より求められます。

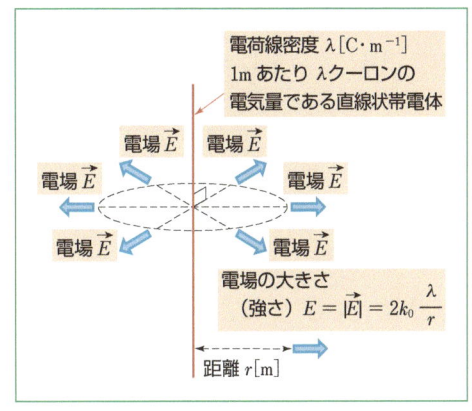

図7-14 帯電体が無限に長い直線状の場合の電場

帯電体の形状が無限に広い平面状の場合

帯電体の形状が平面状の場合、その電気量を表すには、単位面積1 $\mathrm{m^2}$ あたりでの電気量がいくらになるかで表すのが便利です。この電気量を**電荷面密度**といいます。図7-15の例では、1 $\mathrm{m^2}$ あたり σ クーロンの電気量なので、その電荷面密度は σ $[\mathrm{C \cdot m^{-2}}]$ となります。

この無限に広い平面状の帯電体のまわりに生じる電場の向きは、平面に垂直方向で、σ $[\mathrm{C \cdot m^{-2}}] > 0$ なら帯電体から離れる向き、σ $[\mathrm{C \cdot m^{-2}}] < 0$ なら帯電体へ近づく向きとなります。この場合、特徴的なのは帯電体のまわりに生じる電場の大きさ（強さ）E $[\mathrm{N \cdot C^{-1}}]$ です。その量は帯電体から近くても遠くても、すべて同じで、

$$E = 2\pi \cdot k_0 \cdot \sigma$$

となります。

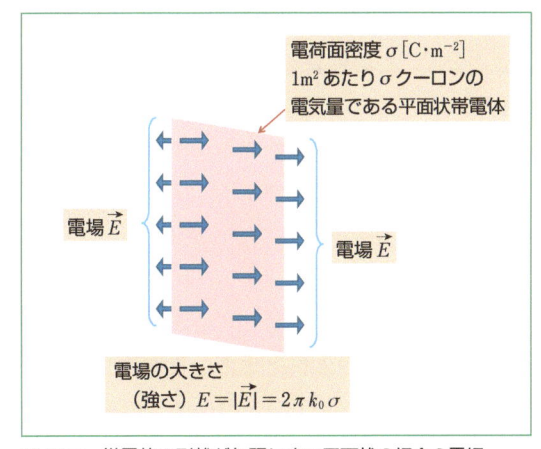

図7-15 帯電体の形状が無限に広い平面状の場合の電場

無限に広い異符号の電荷面密度をもつ帯電体の場合

図7-16のように、電荷面密度が σ $[\mathrm{C \cdot m^{-2}}] > 0$ の無限に広い平面状帯電体と −σ $[\mathrm{C \cdot m^{-2}}] < 0$

の同じく無限に広い平面状帯電体が存在した場合、電場は2つの平面にはさまれた領域にだけ生じます。

はさまれた領域での電場の向きは、平面に垂直方向で、電荷面密度 $\sigma\,[\mathrm{C\cdot m^{-2}}] > 0$ の平面から $-\sigma\,[\mathrm{C\cdot m^{-2}}]$ の平面に向かう向きとなります。

はさまれた領域内での電場の大きさ（強さ）$E\,[\mathrm{N\cdot C^{-1}}]$ は、

$$E = 4\pi \cdot k_0 \cdot \sigma$$

となります。

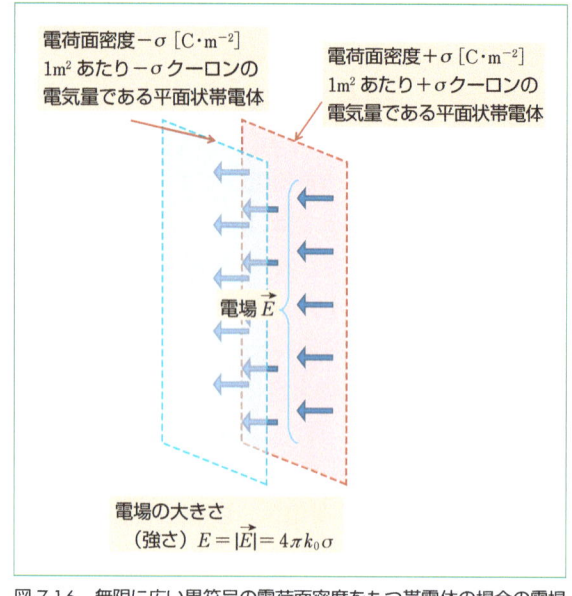

図7-16 無限に広い異符号の電荷面密度をもつ帯電体の場合の電場

7.2.2 電位

質量 $m\,[\mathrm{kg}]$ の物体にはたらく重力の大きさ $m \cdot g\,[\mathrm{N}]$ に逆らって高さ $h\,[\mathrm{m}]$ もちあげると、その仕事 $m \cdot g \cdot h\,[\mathrm{J}]$（$g$ は重力加速度の大きさ）の分だけ物体の位置エネルギーは大きくなります（図7-17）。

この位置エネルギーの差は、もちあげる経路の選び方と無関係に、はじめと終わりの位置関係のみで決まります。この性質をもっている力を保存力といいます。

クーロン力と電場（単位電荷 +1 C にはたらくクーロン力）も保存力です。クーロン力の位置エネルギーを静電エネルギーといいます。電場の位置エネルギーは電位といいます。

電場の大きさが $E\,[\mathrm{N\cdot C^{-1}}]$ である位置に、電気量 $q\,[\mathrm{C}]$ の帯電体があるとき、その帯電体にはたらくクーロン力の大きさ $F\,[\mathrm{N}]$ は、

$$F = q \cdot E$$

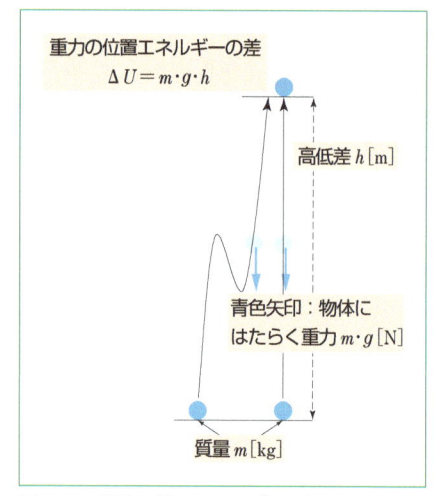

図7-17 重力の位置エネルギーの差

の関係でした。電気量 $q\,[\mathrm{C}]$ の帯電体がある位置での静電エネルギー $U_q\,[\mathrm{J}]$ と電位 $V\,[\mathrm{V}]$ の関係は、

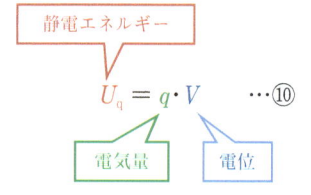

$$U_q = q \cdot V \quad \cdots ⑩$$

となります。

静電エネルギーの単位量は 1 J です。⑩式より、電位の単位量は単位電気量＋1 C あたりの位置エネルギーと読み取れます。すなわち 1 J·C^{-1} です。この組立単位を **1 V（ボルト）** といいます。つまり 1 V ＝ 1 J·C^{-1} です。

電場の大きさ E [N·C^{-1}] がどこでも同じ場合、その中で、電気量 q [C] の帯電体をクーロン力に逆らって逆向きに距離 d [m] 移動させると、増加する静電エネルギー U_q [J] は、

$$U_q = (q \cdot E) \cdot d \quad \cdots ⑪$$

（静電エネルギー＝電気量・電場の大きさ・移動距離）

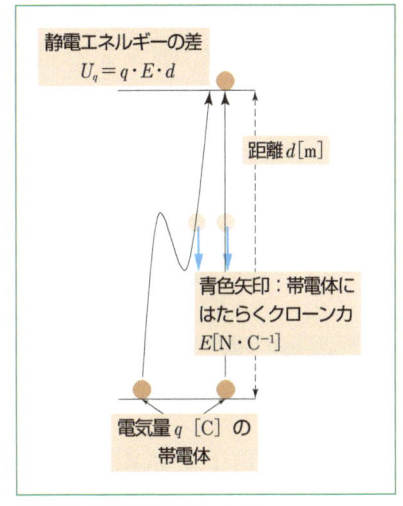

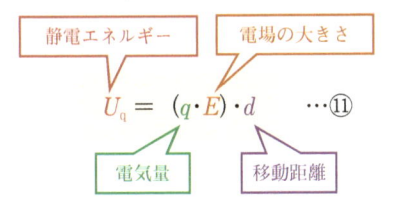

図 7-18 静電エネルギーの差

となります（図 7-18）。⑩式と⑪式を見比べると、電場の大きさ E [N·C^{-1}] がどこでも同じ場合、増加する電位 V [V] は、

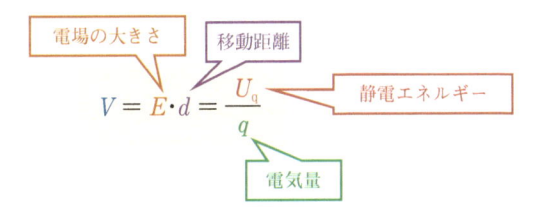

$$V = E \cdot d = \frac{U_q}{q}$$

（電場の大きさ・移動距離＝静電エネルギー／電気量）

となることがわかります。

電気抵抗 R [Ω] の電解質溶液に電流 I [A] を流した場合、その両端の電圧 V [V] は $V = R \cdot I$（**オームの法則**）となることが知られています。この電圧 V の単位を表す記号も V（**ボルト**）です（オームの法則については、8.2 を参照）。

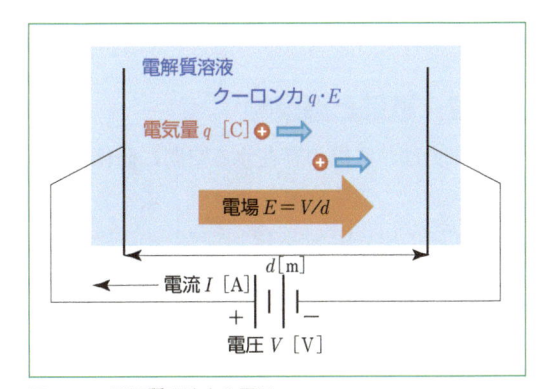

電解質溶液内に距離 d [m] 離れて電圧 V [V] をかけると、その間には、電場が発生します（図 7-19）。発生した電場の大きさを E [N·C^{-1}] とすると、電解質溶液中の正電荷（電気量 q [C]）には、大きさ $q \cdot E$ [N] のクーロン力がはたらき電解質溶液内を移動します。その電荷の流れが電流 I [A] になります。この電荷の流れを起こす単位電荷あたりのエネルギーが **電位** です。2 点間の電位の差を **電位差** または **電圧** といいます。その電位は、電解質溶液にかけた電圧 V [V] と一致します。したがって、電解質溶液に生じた電場の大きさ E [N·C^{-1}] は、

$$E = \frac{V}{d}$$

図 7-19 電解質溶液内の電場

7.2 電場

と表されます。

電解質溶液の電気抵抗を R_e [Ω] と表すと、オームの法則 $V = R_e \cdot I$ より、電解質溶液中に生じた電場の大きさ E [N·C^{-1}] は、

$$E = \frac{R_e \cdot I}{d} = \frac{R_e}{d} \cdot I$$

となり、電流 I [A] に比例することがわかります。

7.3 磁場

7.3.1 磁石による磁場

磁場というものを直観的に感じることができるのは磁石でしょう。地球上で北をさす磁石（方位磁石）の一端をN極、南をさすもう一端をS極といいます。2つの磁石が互いに向き合っているとき、同じN極とN極、S極とS極の間には斥力がはたらいて反発しあいます。それに対して、異なるN極とS極の間には引力がはたらいて引きつけます。

磁石にゼムクリップを近づけると、ゼムクリップは磁石に引きつけられます。このように、ゼムクリップなどが磁石に引きつけられる性質を磁気といいます。磁石の示す磁気は両端で最も強く、その部分を磁石の磁極といいます。N極をプラスの磁極、S極をマイナスの磁極とよびます。磁極の強さの単位として 1 T·m^2 を使います。T はテスラと読みます。1 T は、磁場と垂直に流れる 1 A の電流に 1 m あたり 1 N のローレンツ力がはたらくときの磁場の大きさ（強さ）です。上記のように磁極間にはたらく力や磁場中の電流にはたらく力を磁気力といいます。

7.3.2 磁束と磁束線

磁気力は、磁場の存在する空間に磁極が置かれると、その磁極に作用すると考えます。磁場の大きさは、磁束密度とよばれる量で表されます。記号は B、単位は 1 T を用います。さまざまな場所の磁場の向きをつなげた線で表したものを磁束線といいます。

ある面積 S [m^2] を貫く磁束線の本数を磁束といいます。記号は Φ、単位は 1 T·m^2 を用います。磁束 Φ は、

$$\Phi = B \cdot S$$

（磁束）（磁束密度）（面積）

で表されます。

7.3.3 ローレンツ力

電荷のまわりには、電場が生じます。一方、電荷の流れである電流のまわりに

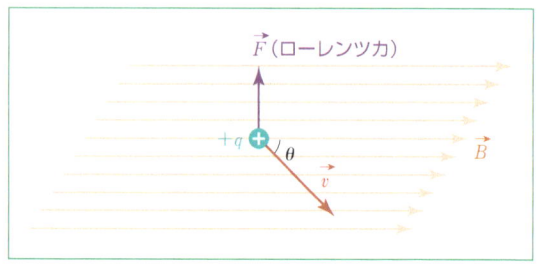

図7-20 ローレンツ力

は、**磁場**が生じます。この磁場も電場と同じで大きさ（強さ）と向きがあるベクトル量です。この磁場が存在する領域での帯電体には、**ローレンツ力**がはたらきます。

図7-20のように、大きさ B [T] が同じ（一様という）で向きも同じである磁場 $\vec{B}$ 中を、磁場の向きと角度 θ の向きに電気量 q [C] の正電荷が速度 $\vec{v}$ で移動すると、その正電荷は、**ローレンツ力**を受けます。荷電粒子が電場から受ける力をクーロン力といいましたが、ローレンツ力は、荷電粒子が磁場から受ける力です。

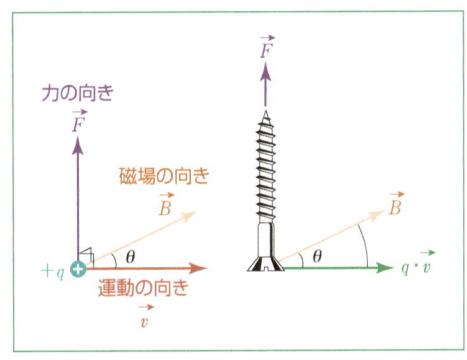

ローレンツ力の向きは、図7-21に示されているように、帯電体の速度の向きと磁場の向きの両方に直交する方向で、速度の向きから磁場の向きへ右ねじを回したときにねじが進む向きとなります。

図7-21 磁気力の大きさ $F_B = q \cdot v \cdot B \cdot \sin \theta$
磁気力の向きは、右ネジを $q \cdot \vec{v}$ から $\vec{B}$ の向きに回すときに、ネジの向きになります。

左手の親指、人差し指、中指を互いに直角にひらき、磁場の向きに人差し指を、電流が流れる向き（電荷の移動する向き）に中指を向けると、親指がローレンツ力を受ける向きを示します。これを**フレミングの左手の法則**といいます（図7-22）。

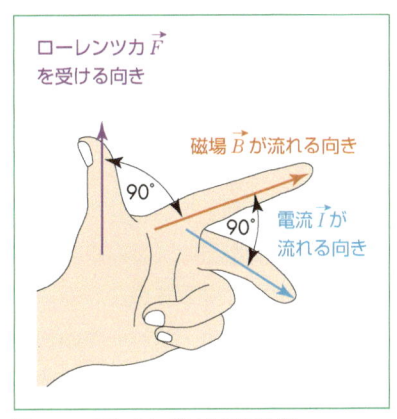

ローレンツ力の大きさ F [N] は帯電体の電気量が q [C]、速さが v [m·s^{-1}]、磁場の大きさ（磁束密度）が B [T] で、移動する向きと磁場の向きの角度が θ の場合、

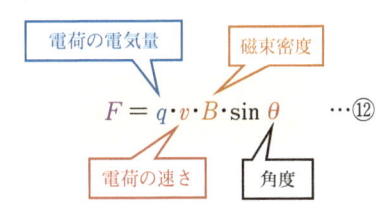

$$F = q \cdot v \cdot B \cdot \sin \theta \quad \cdots ⑫$$

図7-22 フレミングの左手の法則

となります。磁束密度の単位テスラは⑫式より、

$$1\,\text{N}\cdot\text{C}^{-1}\cdot(\text{m}\cdot\text{s}^{-1})^{-1} = 1(\text{kg}\cdot\text{m}\cdot\text{s}^{-2})\cdot\text{C}^{-1}\cdot\text{m}^{-1}\cdot\text{s} = 1\,\text{kg}\cdot\text{s}^{-1}\cdot\text{C}^{-1}$$

と表され、単位は 1 T（テスラ）です。

$$1\,\text{T} = 1\,\text{N}\cdot(\text{A}\cdot\text{m})^{-1}$$

7.3 磁場

例題 7-5

磁束密度が 2.0×10^{-3} T の磁場に対して、$+1.0$ C の電荷が速さ 2.0 m·s^{-1} で角度 45 度の向きに運動している場合、この電荷にはたらくローレンツ力の大きさを求めなさい。

解説

ローレンツ力の大きさを求める⑫式に例題の値（有効数字 2 桁）を代入していきます。

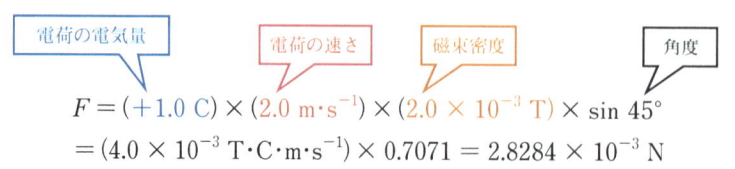

$$F = (\underbrace{+1.0 \text{ C}}_{\text{電荷の電気量}}) \times (\underbrace{2.0 \text{ m·s}^{-1}}_{\text{電荷の速さ}}) \times (\underbrace{2.0 \times 10^{-3} \text{ T}}_{\text{磁束密度}}) \times \underbrace{\sin 45°}_{\text{角度}}$$
$$= (4.0 \times 10^{-3} \text{ T·C·m·s}^{-1}) \times 0.7071 = 2.8284 \times 10^{-3} \text{ N}$$

答えは、有効数字 2 桁で計算して、2.8×10^{-3} N となります。

答：2.8×10^{-3} N

7.3.4 電流がつくる磁場

電流が導体を流れるとき、そのまわりには必ず磁場が生じます。それを表す法則には、ビオ・サバールの法則があります。

電流のまわりに生じる磁場の大きさを求める方法は、ビオとサバールにより法則化されました。その法則を**ビオ・サバールの法則**といいます。電流のまわりに生じる磁場は、電流上のすべての点からの生じる微小な磁場をベクトル和することで求まります。

そのため、ビオ・サバールの法則は電流を微小距離で分割した微小部分により生じる微小磁場を求める法則として表されます。

> 電流上の微小距離 Δs [m] を流れる電流 I [A] のまわりに生じる磁場の大きさ（磁束密度）ΔB [T] は、電流上の微小距離 Δs [m] からの距離 r [m] の二乗に反比例し、電流 I [A]、微小距離 Δs [m]、微小距離と磁場の生じる位置を結ぶ直線のなす角度 θ の正弦 $\sin \theta$ の積に比例します。

比例定数は、電流のまわりにある物質できまる定数で真空の場合、真空の透磁率 μ_0 を用いて $\mu_0/4\pi$ と表されます。ビオ・サバールの法則より、真空中の点 P の磁場の大きさ ΔB [T] は、

$$\Delta B = \frac{\mu_0}{4\pi} \cdot \frac{I \cdot \Delta s \cdot \sin \theta}{r^2} \quad \cdots ⑬$$

と表されます。

真空の透磁率 μ_0 は、$\mu_0 = 4\pi \times 10^{-7}$ T·m·A^{-1} です。

> **例題 7-6**
> 半径 r [m] の円形電流の中心における磁場の大きさ（磁束密度）を求めなさい。

解説

⑬式の $\Delta B = \dfrac{\mu_0}{4\pi} \cdot \dfrac{I \cdot \Delta s \cdot \sin \theta}{r^2}$ において常に $\theta = \pi/2$ なので、

$\sin \pi/2 = 1$ となります。したがって、

$$\Delta B = \dfrac{\mu_0}{4\pi} \cdot \dfrac{I \cdot \Delta s}{r^2}$$

となります。ゆえに、

$$B = \dfrac{\mu_0}{4\pi} \cdot \int_0^{2\pi \cdot r} \dfrac{I \cdot \Delta s}{r^2} = \dfrac{\mu_0}{4\pi} \cdot \dfrac{I \cdot 2\pi \cdot r}{r^2}$$
$$= \dfrac{\mu_0 \cdot I}{2r}$$

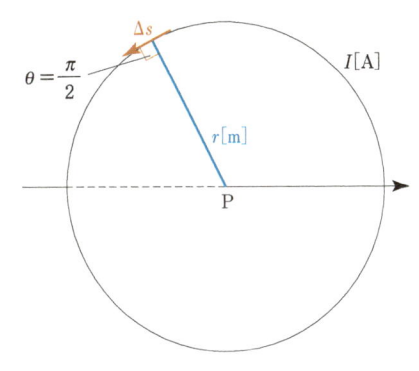

図7-25に示す式と同じになります。

答：$B = \dfrac{\mu_0 \cdot I}{2r}$

電流上のすべての点からの微小磁場をベクトル和した磁場を求めるのは計算が複雑です。そこで、いくつかの事例について計算した結果を示すだけとします。

無限に長い直線電流がつくる磁場

電流 I [A] と直交する方向で距離 a [m] の位置に生じる磁場を考えます。距離 a [m] が電流の長さに比べて十分小さい場合、磁場の大きさである磁束密度 B [T] は、

$$B = \dfrac{\mu_0 \cdot I}{2\pi \cdot a} \qquad \cdots ⑭$$

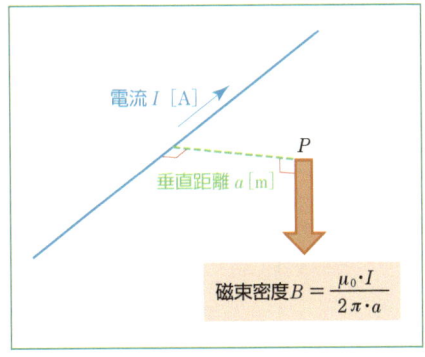

図7-23　無限に長い直線状電流のまわりの磁場

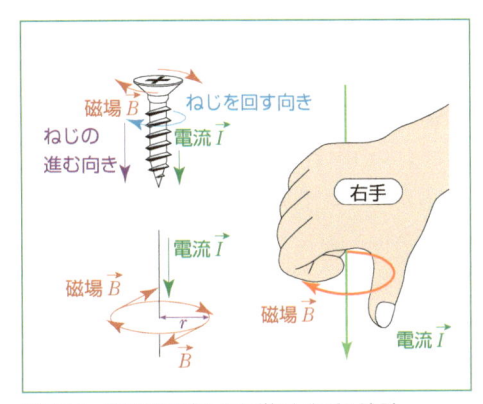

図7-24　直流電流がつくる磁場と右手の法則

となります（図7-23）。

この磁束密度は、電流 I [A] から半径 a [m] の同心円上では、すべて同じになります。**磁場の向きは、半径 a [m] の同心円に接する方向で、電流の向きに右ねじが進むようにねじをまわす向きとなります。これを右ねじの法則**といいます（図7-24）。

半径 a の円形電流がつくる磁場

半径 a [m] の円周上を電流 I [A] が流れる場合、その中心に生じる磁場を考えます。電流が流れる円周を含む平面内で円の中心に生じる磁場の大きさ B [T] は、

$$B = \frac{\mu_0 \cdot I}{2a}$$

となります（図7-25）。

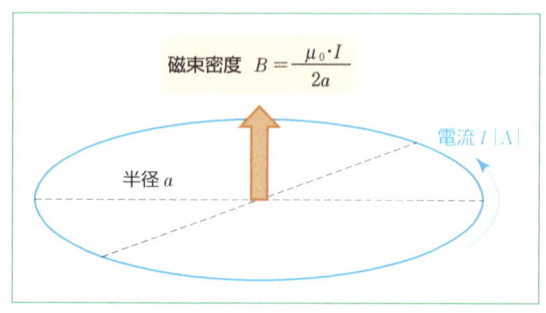

図7-25　半径 a の円形状電流の中心の磁場

磁場の向きは、円周を含む平面に直交する方向で、電流の流れる向きに右ねじを回したとき、ねじの進む向きとなります（図7-26）。

半径 a のコイル状電流（ソレノイド）の中心の磁場

ひも状の導体をらせん状あるいはうずまき状に巻いたものを、**コイル**といいます。半径 a [m] の円が無限に重なったコイル（ソレノイドという）に電流 I [A] が流れる場合の磁場を考えます。コイル内の磁場の大きさ B [T] は、

$$B = \mu_0 \cdot n \cdot I$$

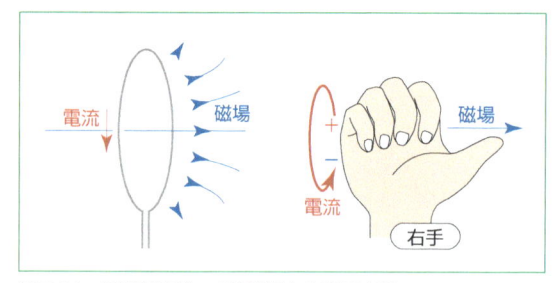

図7-26　円形電流がつくる磁場と右手の法則

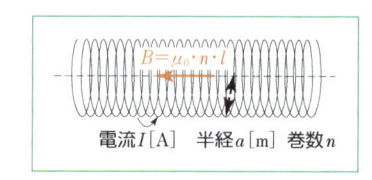

図7-27　半径 a [m] のコイル状電流（ソレノイド）の中心の磁場

となります（図7-27）。

n はコイルの中心軸に沿った方向での単位長さ1mあたりのコイルの巻き数です。コイル内部の磁場の向きは、コイルの中心軸に平行な方向で、コイルに沿って流れる電流の向きに右ねじをまわしたとき、ねじの進む向きです（図7-28）。

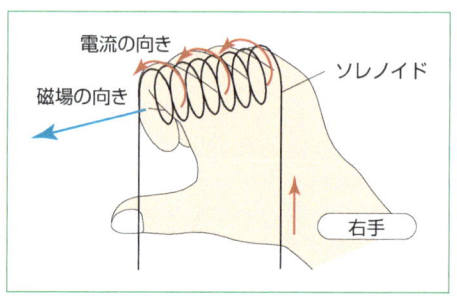

図7-28　ソレノイド内部の磁場と右手の法則

> **例題 7-7**
> 1 A の直線電流から垂直に距離 1 cm 離れている点に生じる磁場の大きさ（磁束密度）を求めなさい。

解説

直線電流がつくる磁場の大きさを求める⑭式に例題の数値を代入していきます。
$\mu_0 = 4\pi \times 10^{-7}$ T·m·A^{-1}、$I = 1$ A、$a = 1$ cm $= 1 \times 10^{-2}$ m ですから、

$$B = \frac{(4\pi \times 10^{-7} \text{ T·m·A}^{-1}) \times (1 \text{ A})}{2\pi \times (1 \times 10^{-2} \text{ m})} = 2 \times 10^{-5} \text{ T}$$

答：2×10^{-5} T

7.3.5 磁場内の電流にはたらく力

電流は電荷の流れですから、磁場中を移動する電荷にローレンツ力がはたらくように、磁場中にある電流にも力がはたらきます（図 7-29）。

直線状電流 I [A] の流れる向きと磁場の向きのなす角度が θ である場合、磁場の大きさ B [T] の磁場領域内にある電流の長さを d [m] とすると、電流にはたらく力の大きさ F [N] は、

$$F = I \cdot d \cdot B \cdot \sin\theta \quad \cdots ⑮$$

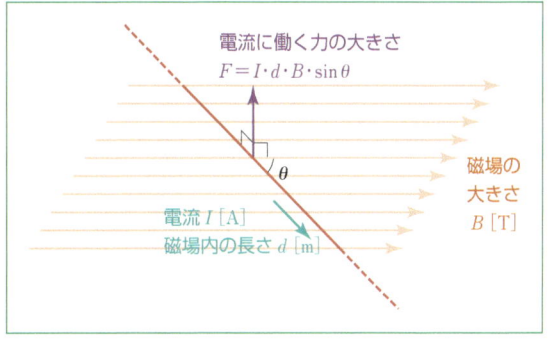

図 7-29 磁場内の電流にはたらく力

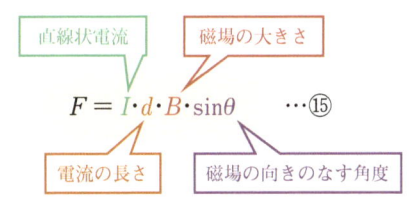

となります。

この電流にはたらく力の向きは、電流と磁場に直交する方向で、電流の向きから磁場の向きへ右ねじをまわしたときねじの進む向きです。

直線状電流が 2 本長さ d [m] の範囲で平行に並んでいるとき、電流の流れる向きが同じ場合は引力、逆向きの場合は斥力がはたらきます（図 7-30）。その理由は、平行な電流の一方がもう一方の電流が流れる領域に磁場をつくるからです。

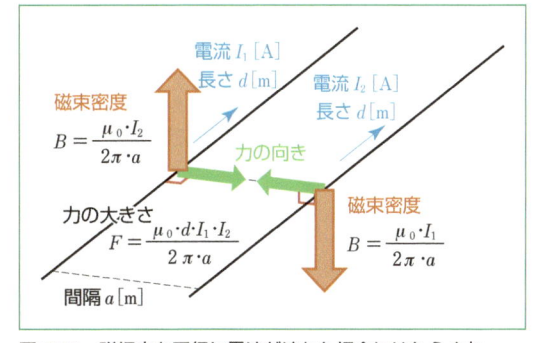

図 7-30 磁場内を平行に電流が流れた場合にはたらく力

平行電流の間隔を a [m] とすれば、電流 I_1 [A] が他方の電流 I_2 [A] の位置につくる磁場

の大きさ B_1 [T] は

$$B_1 = \frac{\mu_0 \cdot I_1}{2\pi \cdot a}$$

であり、その磁場により電流 I_2 [A] にはたらく力の大きさ F [N] は⑮式より、

$$F = I_2 \cdot d \cdot B_1 \cdot \sin 90° = I_2 \cdot d \cdot \frac{\mu_0 \cdot I_1}{2\pi \cdot a} = \frac{\mu_0 \cdot d \cdot I_1 \cdot I_2}{2\pi \cdot a} \quad \cdots ⑯$$

となります。

　じつは、この⑯式を用いて SI 単位系の基本単位である電流の単位量 1 A が決定されています。十分に長い電流を間隔 1 m はなして、2 本平行に並べた際、その電流間にはたらく力の大きさが電流の長さ 1 m あたり 2×10^{-7} N になった場合、流れている電流を 1 A とします。

> **例題 7-8**
> 　十分に長い電流を間隔 10 cm 離して、2 本平行に並べ、両方に 1 A の電流を流します。電流の長さ 1 m あたりにはたらく力の大きさを求めなさい。

解説
平行電流間にはたらく力の大きさを求める⑯式に例題の数値を代入していきます。
$\mu_0 = 4\pi \times 10^{-7}$ T·m·A^{-1}、$I_1 = I_2 = 1$ A、$a = 10$ cm $= 1 \times 10^{-1}$ m、$d = 1$ m ですから、

$$F = \frac{(4\pi \times 10^{-7} \text{ T·m·A}^{-1}) \times (1 \text{ A}) \times (1 \text{ A}) \times (1 \text{ m})}{2\pi \times (1 \times 10^{-1} \text{ m})} = 2 \times 10^{-6} \text{ T·A·m} = 2 \times 10^{-6} \text{ N}$$

答えは、2×10^{-6} N となって、1 A の電流を 1 m 離した場合にはたらく力の 10 倍になります。

答：2×10^{-6} N

7.3.6　電場と磁場中の荷電粒子の運動

　電場の大きさ E [N·C^{-1}] が一様な領域内に帯電体を置くと、その帯電体には電場によるクーロン力がはたらき、静電エネルギーを運動エネルギーに変えて運動を始めます。電場が存在する領域を出たあと、速度が一定になった帯電体が磁場の存在する領域に入ると、その帯電体にはローレンツ力がはたらきます（図 7-31）。磁場の大きさが一様になるよう調整し、帯電体の速度の向きと磁場の向きを直交するように調整すると、帯電体は円運動をはじめます。この仕組みを利用したのが**質量分析装置**です。

　質量が m [kg]、電気量が q [C] の帯電体が、電圧（電位の差）V [V] の電場が存在する領域に置かれた場合を考えます。その領域を移動する間に帯電体が得る静電エネルギー U_q [J]

は、

$$U_q = q \cdot V$$

となります。

この静電エネルギーをすべて運動エネルギーに変えた場合の帯電体の速さを v_0 [m·s^{-1}] とすると、エネルギー保存の法則より、

$$\frac{1}{2} \cdot m \cdot v_0^2 = q \cdot V \quad \cdots ⑰$$

という関係が成り立ちます。

その速さ v_0 [m·s^{-1}] を維持したまま、磁束密度 B [T] の磁場が存在する領域に帯電体が入ると、磁場と速度の向きが直交する場合、帯電体にはたらくローレンツ力は速度の向きと直交するので、帯電体に円運動をおこす向心力になります。その場合の帯電体の運動方程式は、円運動の半径を R [m] として、

$$m \cdot \frac{v_0^2}{R} = q \cdot v_0 \cdot B \quad \cdots ⑱$$

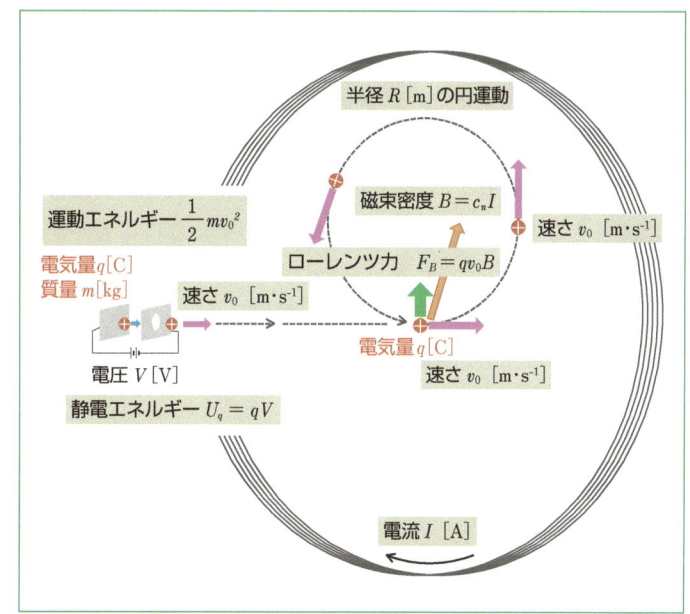

図7-31 質量分析装置の原理

と表されます。

⑰式と⑱式から、帯電体の速さ v_0 [m·s^{-1}] を消去すると、

$$\frac{q}{m} = \frac{2V}{(B \cdot R)^2} \quad \cdots ⑲$$

となります。

磁束密度 B [T] はコイルに電流 I [A] を流した場合、その電流 I [A] に比例するので、ビオ・サバールの法則から、比例定数 c_n を求めることができ、

$$B = c_n \cdot I$$

と表せます。

⑲式に代入して変形すると、

7.3 磁場

$$m = q \cdot \frac{(c_n \cdot I)^2 \cdot R^2}{2V}$$

となります。

　以上のことから、帯電体の電気量 q [C] をほかの方法で調べ（化学的手段を用いたイオン化など）、円運動の半径 R [m] を測定することで、帯電体の質量 m [kg] を測定することができます。これが質量分析装置のしくみです。

7.4　電磁誘導

7.4.1　電磁誘導とレンツの法則

　7.3.4 で、コイルに電流を流すと、その中心を貫く磁場が生じることを学びました。では、その逆に電流の流れていないコイルの面を、それと垂直にある大きさの磁場が貫いたときに電流は流れるのでしょうか。電池がつながっていないにもかかわらず、導線に電流が流れることを 1831 年にファラデーが発見しました。

　このように、コイルと垂直に磁場が貫くと、導線に電流が流れることを**電磁誘導**といいます。電磁誘導で生じた電流を**誘導電流**といい、電流を流そうとした生じた電圧を**誘導起電力**といいます（図 7-32）。

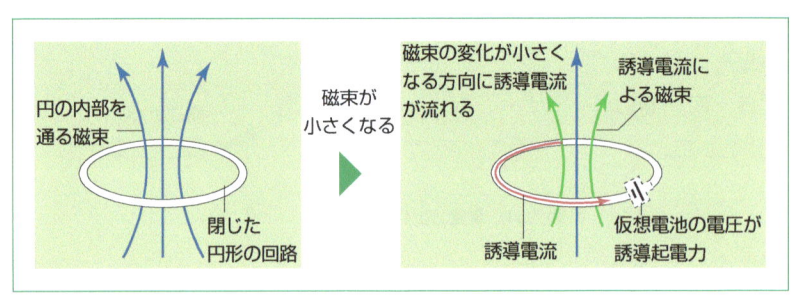

図 7-32　電磁誘導

　誘導起電力の大きさは、磁束の変化量が大きいほど大きくなり、コイルの巻数が多いほど大きくなります。

　誘導電流は、コイルや磁場を動かすことによって生じる磁束の変化を妨げる向きに流れます。これを**レンツの法則**といいます。

　磁束密度 B [T] の一様な磁場が面積 S [m^2] の円形の導線を横切るとき、その磁束 $\varPhi$ [T·m^2] は、

$$\varPhi = B \cdot S$$

という関係があります。

　磁束の変化には、磁束密度が変化する場合のほか、面積 S [m^2] が変化する場合もあります。

7.4.2 自己誘導と相互誘導

スイッチを入れたり、切ったりして電流が変化すると、コイルを貫く磁束が変化します。すると、自分のつくった磁場の変化によってコイル自身が電磁誘導を起こします。このとき、コイル内を流れる電流の変化を妨げる向きに誘導起電力が生じます。

スイッチを入れたときには、コイルを貫く磁束が急に増えるのを妨げる向きに誘導電流が流れ、スイッチを切ったときには、コイルを貫く磁束が急に減るのを妨げる向きに誘導電流が流れます。コイルを流れる電流を変化させると、コイルを貫く磁束が変化し、この磁束の変化を妨げる向きに誘導起電力が生じます。これを**自己誘導**といいます（図7-33）。

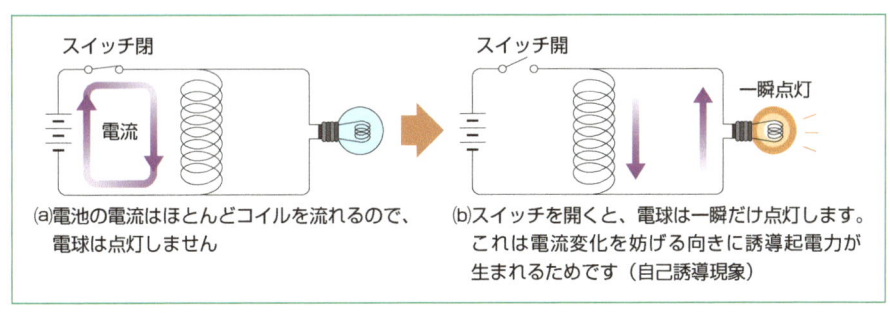

図7-33 自己誘導

(a)電池の電流はほとんどコイルを流れるので、電球は点灯しません

(b)スイッチを開くと、電球は一瞬だけ点灯します。これは電流変化を妨げる向きに誘導起電力が生まれるためです（自己誘導現象）

コイルを2つ近接して並べて、片方のコイルに電流を流すと、できた磁束が電源とつながれていないもう1つのコイルの内部を通ります。コイルに流れている電流を変化させると、もう1つのコイルの内部を通る磁束が変化するため、電源とつながれていないコイルに誘導電流が流れます。このように、1つのコイルを流れる電流の変化がほかのコイルに誘導起電力を生じさせる現象を**相互誘導**といいます（図7-34）。

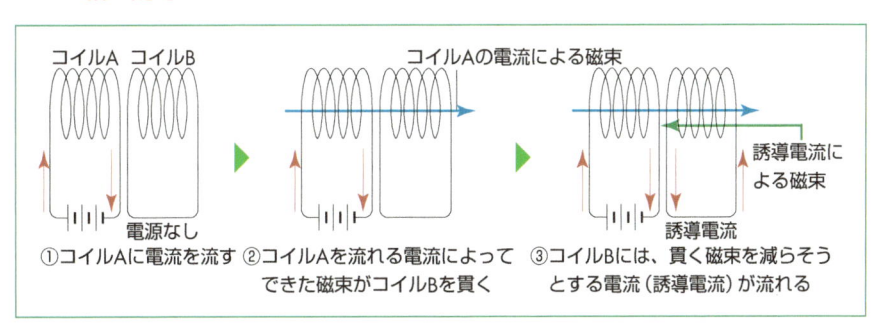

①コイルAに電流を流す ②コイルAを流れる電流によってできた磁束がコイルBを貫く ③コイルBには、貫く磁束を減らそうとする電流（誘導電流）が流れる

図7-34 相互誘導

7.4.3 交流起電力と変圧器

一様な磁場の中でコイルを回転させると、コイルが傾くことでコイル内部を貫く磁束が変化していくため、生じる誘導起電力の大きさと向きも変化していきます。このようにして生じる誘導起電力は、大きさと向きが時間とともに変化する**交流起電力**（**交流電圧**）を生じます。

交流起電力が導線に流す電流は**交流電流**です。1秒間あたりのコイルの回転数をf回とすると、交流起電力の変化は1秒間当たりf回繰り返すので、この交流起電力周波数はf [Hz] となります。交流電圧と交流電流の最大値を$\sqrt{2}$で割ったものを**実効値**といいます（図7-35）。

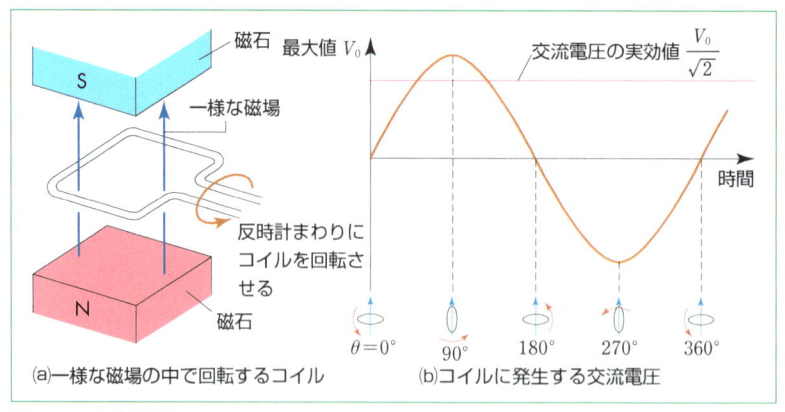

図7-35 交流起電力

(a)一様な磁場の中で回転するコイル
(b)コイルに発生する交流電圧

日本の家庭で使用している交流の電圧は100Vですが、これは実効値です。したがって、この交流の電圧の最大値は、$100 \times \sqrt{2} = 141$ Vということになります。

同じ鉄芯に2つのコイル（一次コイル、二次コイル）を巻き、一次コイルに交流電流を流すと、一定の周期で交流電圧が増減を繰り返すため、一次コイルがつくる磁束も増減し、二次コイルを貫く磁束も周期的に増減します。その結果、二次コイルに相互誘導によって交流電圧が生じます。このしくみを利用したのが**変圧器**です（図7-36）。

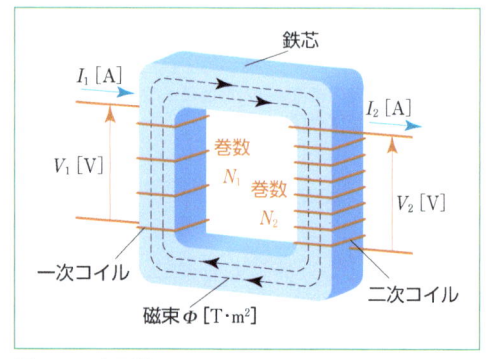

図7-36 変圧器

二次コイルに生じる交流電圧は、両方のコイルの巻数比を変化させることで変えることができます。このしくみが交流を普及させた理由の1つです。二次コイルの巻き数を一次コイルの10倍にした場合、一次コイルに100Vの交流電圧をかけると、二次コイル側に1000Vの交流電圧（周波数は同じ）が生じます。

7.5 電磁波

帯電体の電気量や位置が変わると、そのまわりの電場が変化します。また、電流のまわりには、磁場が生じます。こちらも電流量が変わると、そのまわりの磁場が変化します（図7-37）。電流は、正電荷の流れとして定義されますので、帯電体の位置が変わると電流が生じると考えることができます。

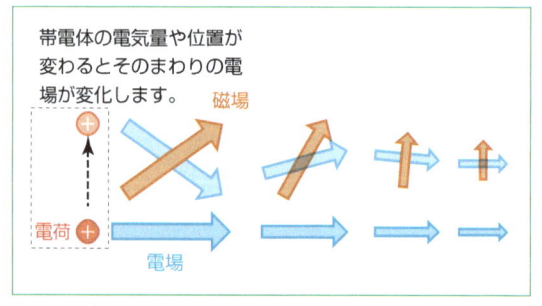

図7-37 電場と磁場の経時的変化

時間が経過するとともに、帯電体の位

置を変化させると、そのまわりの電場や磁場が変化し、その変化がさらにそのまわりの電場や磁場を変化させ、次々とまわりの空間に伝わっていくことになります。この電場と磁場の時間変動が空間内を伝わるのが**電磁波**という現象です（図 6-1 参照）。

　電磁波の存在を初めて理論的に予測したのは、マックスウェルです。彼は、電磁気学で扱われるさまざまな現象が 4 つの方程式で表されることを示しました。その 4 つの方程式は、彼の名前をとって**マックスウェル方程式**とよばれています。その 4 つの方程式を変形すると、波の伝わり方を表す**波動方程式**と同じ形の方程式を電場と磁場が満たすことを発見したのです。

　つまり、電場と磁場は時間的に変化しながら、波のように伝搬するということに気がついたのです。その電場と磁場が波として伝搬する様子を表したのが図 6-1 です。

　マックスウェル方程式より導かれた電磁波の方程式によれば、電場と磁場は互いに直交しながら、横波として伝搬します。その伝搬する速さ c_0 $[\mathrm{m \cdot s^{-1}}]$ は、真空中において、

$$c_0 = \sqrt{\frac{4\pi \cdot k_0}{\mu_0}}$$

となります。

　k_0 は、クーロンの法則で示されたクーロン力の大きさを求める比例定数です。μ_0 はビオ・サバールの法則で示された磁束密度の大きさを求める比例定数です。SI 単位系で示されたこれらの量を $\sqrt{4\pi \cdot k_0/\mu_0}$ に代入して計算すると、その値は真空中の光の速さ c_0 に一致します。有効数字 2 桁で計算すると、

$$c_0 = \sqrt{\frac{4\pi \cdot k_0}{\mu_0}} = \sqrt{\frac{4\pi \times 9.0 \times 10^9}{4\pi \times 10^{-7}}} = \sqrt{9.0 \times 10^{16}} = 3.0 \times 10^8 \ \mathrm{m \cdot s^{-1}}$$

となります。

　マックスウェルが示した電磁波は、光の性質である反射・屈折・干渉・偏光を有することも、その後の研究で示されました。ついには、ヘルツの実験により、電磁波が実際に存在することも示されました。その結果、光は、私たちが目で捕らえることが可能な範囲に波長が入る電磁波であることもわかりました。現代では、電磁波を波長の値で区切って分類し、その分類ごとにさまざまな名前をつけて利用しています（図 6-3 参照）。

第8章

電気回路

8.1 電気容量とコンデンサー

8.1.1 コンデンサー

コンデンサーは、電荷を蓄えたり、放出したりする電子部品の1つです。直流は流れず、交流は流れるという特徴があります。電子機器には欠かせない部品の1つです。

直流は電子が導線に沿って実際に移動する（流れる）のに対して、**交流**は電子が導線内で振動し、その振動が導線内を次々と隣へ伝わる流れで、媒質が電子である縦波と考えられます。電子の振動する向きと波の伝わる向きが逆の場合を正の極性、同じ向きの場合を負の極性といいます。

直流電源の乾電池にコンデンサーをつなぐと、一瞬だけ電流は流れますが、すぐに流れなくなります。これは、直流電源によって、電源電圧（電位差）とコンデンサーの電気容量の積で決る電荷を蓄えると、コンデンサーには直流電流が流れなくなるためです（図8-1）。

コンデンサーの金属板（極板）は、絶縁体（誘電体）で隔てられているため、コンデンサー内部に直流電流は流れません。つまり、コンデンサーは直流電流を遮断することになります。それでは、なぜコンデンサーは交流電流を通すことになるのでしょうか。

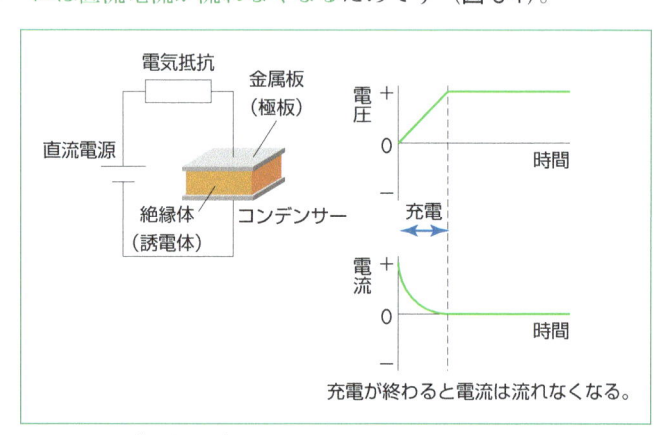

コンデンサーは極性が交互に変化する交流に合わせて充電、放電を繰り返します（7.1.2参照）。

図8-1 コンデンサーと直流

導線に電流が流れると、電流の向きに対して右回りに磁場が発生（ビオ・サバールの法則）し、電流の流れる向きが切り替わると、磁場の向きも切り替わります。

電流の極性の向きが交互に切り替わると、極板間に発生する電場の向きもそれに合わせて交互に切り替わります。電場の変動は、変動する磁場を発生させることから、磁場を生むのは電流なので、これは電流が流れるのと同等とみなすことができます（図8-2）。したがって、コ

ンデンサーの絶縁体内部にも、交互に電流が流れていると考えることができます。このようなことから、コンデンサーは交流電流を通すと説明されています。

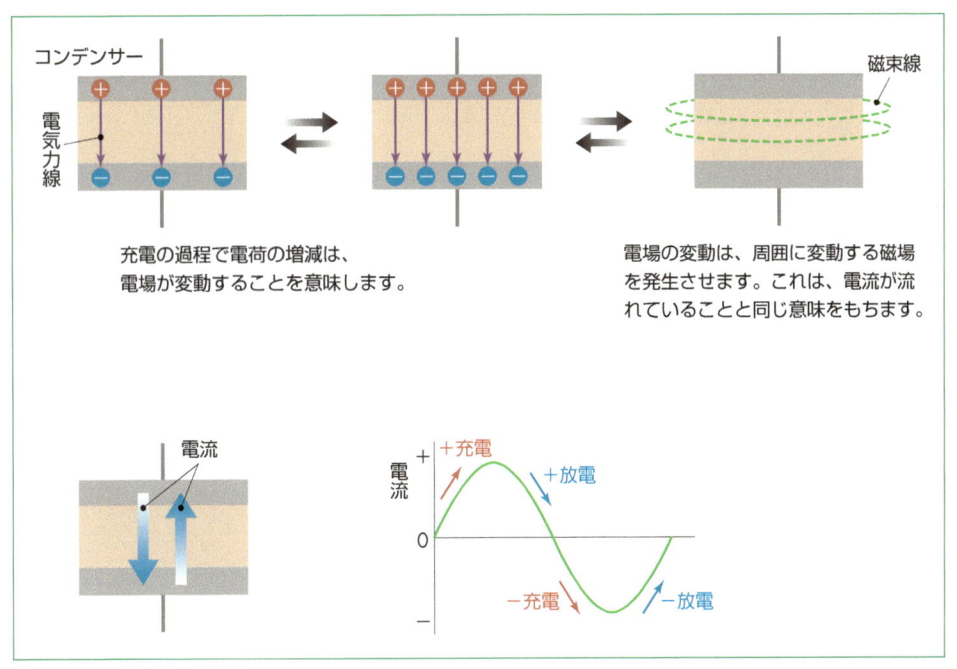

図 8-2 コンデンサーの原理

2枚の広く平らな極板を接近して平行に置き、極板の間に電圧（電位差）をかけると、電位の高い＋側の極板には$+Q$［C］の電荷が、低い－側の極板には$-Q$［C］の電荷が、それぞれ生じます（図 8-3）。

電荷面密度 σ［C·m^{-2}］と $-\sigma$［C·m^{-2}］の極板間に生じる電場の大きさ E［V·m^{-1}］は、

$$E = 4\pi \cdot k_0 \cdot \sigma \quad \cdots ①$$

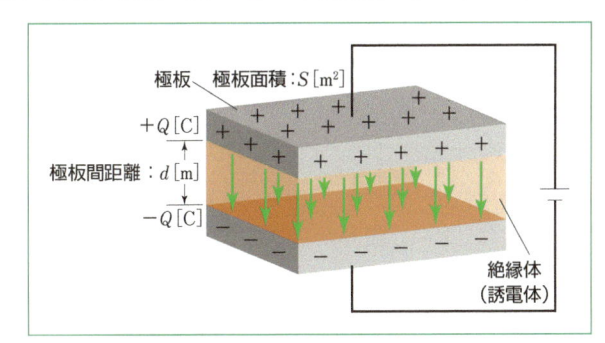

図 8-3 平行板コンデンサー

で、k_0 は真空中の誘電率 ε_0 を用いると（ε_0 は真空の誘電率で、8.8542×10^{-12} C^2·N^{-1}·m^{-2} です）、

$$k_0 = \frac{1}{4\pi \cdot \varepsilon_0} \quad \cdots ②$$

と表せることから、②式を①式に代入すると、

$$E = \frac{\sigma}{\varepsilon_0}$$

となります。極板面積 S［m^2］で、電荷が Q［C］の場合、電荷面密度 σ［C·m^{-2}］は、

$$\sigma = \frac{Q}{S}$$

となります。これらの関係から、この極板間の電場の大きさ E [V·m^{-1}] は、

$$E = \frac{Q}{\varepsilon_0 \cdot S}$$

となります。

8.1.2 電気容量

図 8-4(a)のようにコンデンサーに電池につなぎ、直流電圧 V [V] を加えると、$+Q$ [C] と $-Q$ [C] の電荷がコンデンサーに蓄えられます。これをコンデンサーの**充電**といいます。このとき Q [C] は V [V] に比例し、その比例定数 C を**電気容量**といいます。この定義より、

$$Q = C \cdot V \quad \cdots ③$$

となります。

　すなわち、コンデンサーが蓄える電荷は、コンデンサーの電気容量と電圧の積になります。

　電気容量 C の単位は **F（ファラド）** です。F は少し大きすぎる単位なので、実際には μF（マイクロファラド）や pF（ピコファラド）が用いられています。1 μF = 1×10^{-6} F です。

　図 8-4(b)のように電池を取り去っても、正負の電気的引力のために、電気量 Q [C] は蓄えられたままで、極板間の電位差（電圧）V' [V] は、

$$V' = \frac{Q}{C} = V$$

となります。次に、図 8-4(c)のように極板間を抵抗や導線でつなぐと、はじめコンデンサーは電圧 V [V] の電池のように振る舞い、電流が流れますが、電池と違ってすぐに電気量を失い

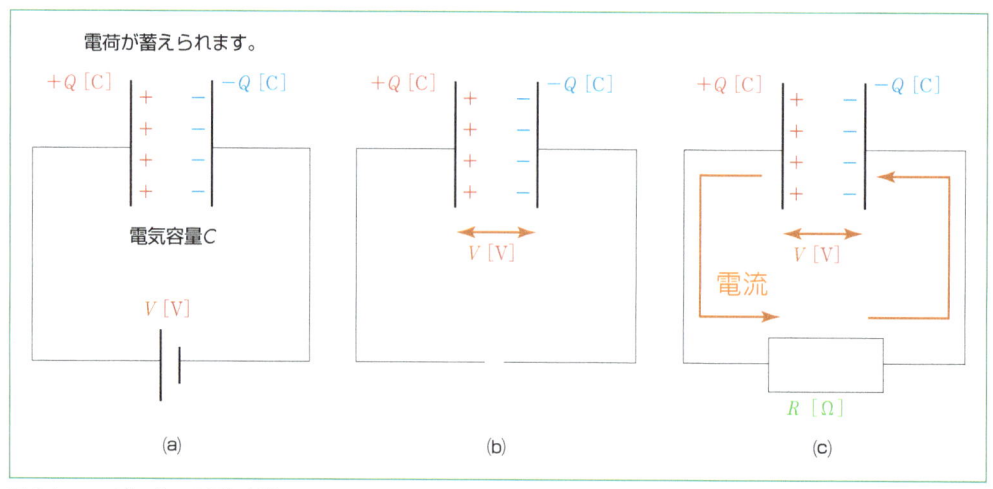

図 8-4　コンデンサーの電気容量

流れなくなります。これをコンデンサーの**放電**といいます。

③式より、コンデンサーに蓄えられる電気量 Q [C] は電気容量 C [F] と極板間の電位差（電圧と同じ）V [V] に比例することがわかります。電位差が同じであれば、電気容量が大きいほど多くの電気量が貯められます。電気容量はコンデンサーの電荷の貯めやすさを表しているといえます。極板間が真空の場合の電気容量 C [F] は、$E = Q/(\varepsilon_0 \cdot S)$、$Q = C \cdot V$、$V = E \cdot d$ より、

$$C = \varepsilon_0 \cdot \frac{S}{d}$$

となります。

電気容量 C [F] は、極板の面積 S [m^2] に比例し、極板間の距離 d [m] に反比例することがわかります。すなわち、コンデンサーは、極板が大きいほど、極板間の距離が短いほど電荷がたくさん蓄えることになります。

コンデンサーの極板間に絶縁体を挿入すると、電気容量が増加します。それは、絶縁体の表面に極板の電荷と逆符号の電荷 Q' [C]（$< Q$ [C]）が生じ、絶縁体中の電場が減少することで、極板の電荷が同じでも電位差が減少するからです。

そのことから、多くのコンデンサーは、セラミックスなどの絶縁体が極板間に挿入されています。

極板間が真空の場合の電気容量が C_0 [F] のコンデンサーに、絶縁体を挿入したコンデンサーの電気容量を C [F] とすると、その増加率 ε_r は、

$$\varepsilon_r = \frac{C}{C_0}$$

で表せます。この比を**比誘電率**といいます。比誘電率の大きな絶縁体を**誘電体**といいます。

比誘電率が ε_r の誘電体を挿入した場合の平行板コンデンサーの電気容量 C [F] は、

$$C = \frac{\varepsilon_r \cdot \varepsilon_0 \cdot S}{d}$$

となります。

コンデンサーは、交流電流に対して抵抗のようなふるまいもします。これを**容量リアクタンス**といいます。容量リアクタンス X_c は、

$$X_c = \frac{1}{2\pi \cdot f \cdot C}$$

で表されます。単位はΩです。

f [Hz] は交流周波数、C [F] はコンデンサーの電気容量です。つまり、周波数が高いほど、

また電気容量が大きなコンデンサーほど、交流電流に対する容量リアクタンス（抵抗）が小さくなり、電流を通しやすくなります。

8.1.3 コンデンサーの接続

2つ以上のコンデンサーを一列に連ねて接続したものを**直列接続**といい、並べてそれぞれの両端をまとめて接続したものを**並列接続**といいます。

図 8-5 のように、2つのコンデンサー C_1 [F] と C_2 [F] を直列に接続し、その両端に直流電圧 V [V] をかけたとき、この2つのコンデンサー

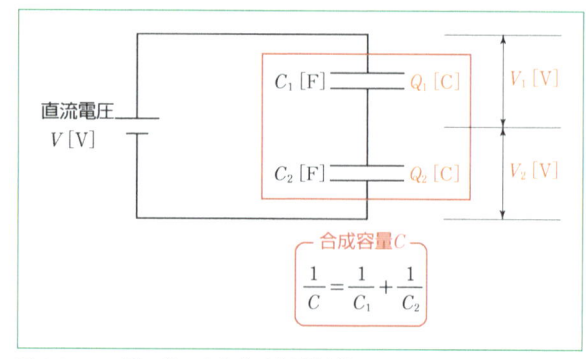

図 8-5　コンデンサーの合成（直列接続）

には等量の電荷 Q [C] が蓄えられます。それぞれのコンデンサーの極板間の電圧を V_1 [V] と V_2 [V] とすると、

$$V_1 = \frac{Q}{C_1}, \quad V_2 = \frac{Q}{C_2} \quad \cdots ④$$

となります。

それぞれのコンデンサーの電圧 V_1 [V] と V_2 [V] の和は、全体にかけた電圧 V [V] に等しいので、

$$V = V_1 + V_2 \quad \cdots ⑤$$

という関係が成り立ちます。

⑤式に④式を代入すると、

$$V = \frac{Q}{C_1} + \frac{Q}{C_2}$$

となります。また、③式より $V = Q/C$ ですから、これを上記の式に代入すると、

$$\frac{Q}{C} = \frac{Q}{C_1} + \frac{Q}{C_2}$$

となります。したがって、

$$\frac{1}{C} = \frac{1}{C_1} + \frac{1}{C_2}$$

となり、これで直列接続したコンデンサーの合成容量を求めることができます。

この式から、コンデンサーを直列に接続すると、コンデンサーの合成容量は小さくなりま

す。また、$Q = C \cdot V$ から、コンデンサーの容量が小さくなるということは、かける最大電圧を大きくすることができることを意味しています。

n 直列に接続した場合は、

$$\frac{1}{C} = \frac{1}{C_1} + \frac{1}{C_2} + \cdots + \frac{1}{C_n}$$

で求めることができます。

図8-6のように、2つのコンデンサー C_1 [F] と C_2 [F] を並列に接続し、その両端に直流電圧 V [V] をかけたとき、この2つのコンデンサーに蓄えられる電荷を Q_1 [C] と Q_2 [C] とすると、

図8-6 コンデンサーの合成（並列接続）

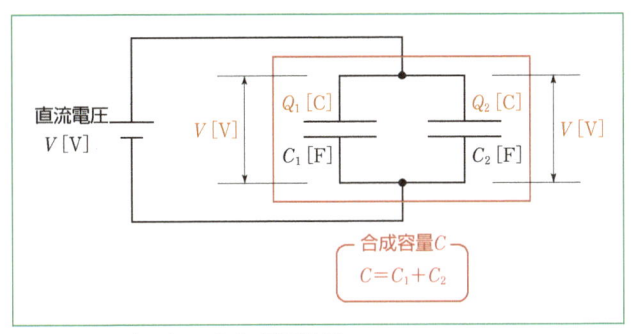

$$Q_1 = C_1 \cdot V, \quad Q_2 = C_2 \cdot V \quad \cdots ⑥$$

となります。2つのコンデンサーに蓄えられる全体の電荷を Q [C] とすると、

$$Q = Q_1 + Q_2 \quad \cdots ⑦$$

という関係が成り立ちます。

⑦式に⑥式を代入すると、

$$Q = C_1 \cdot V + C_2 \cdot V$$

となります。また、③式より $Q = C \cdot V$ ですから、これを上記の式に代入すると、

$$C \cdot V = C_1 \cdot V + C_2 \cdot V$$

となります。したがって、

$$C = C_1 + C_2$$

となり、これで並列接続したコンデンサーの合成容量を求めることができます。このことから、並列接続した場合、コンデンサーの合成容量は大きくなることがわかります。

n 個を並列に接続した場合は、

$$C = C_1 + C_2 + \cdots + C_n$$

で求めることができます。

> **例題 8-1**
> 電気容量がそれぞれ 2.0 μF と 3.0 μF のコンデンサーを直列接続した場合と並列接続した場合の合成容量を求めなさい。また、直列接続した合成コンデンサーに 5.0 V の直流電圧をかけた場合、それぞれのコンデンサーにかかる電圧を求めなさい。

解説

2つのコンデンサーを C_1 [F] と C_2 [F] すると、直列接続した場合、

$$\frac{1}{C} = \frac{1}{C_1} + \frac{1}{C_2}$$

なので、これに数値を代入していきます。

$$\frac{1}{C} = \frac{1}{2.0} + \frac{1}{3.0} = \frac{3.0 + 2.0}{6.0} = \frac{5.0}{6.0} = \frac{1}{1.2}$$

$$C = 1.2 \text{ μF}$$

並列接続した場合は、

$$C = C_1 + C_2$$

となるので、

$$C = 2.0 + 3.0 = 5.0 \text{ μF}$$

となります。

次にそれぞれのコンデンサーにかかる電圧を求めます。それぞれのコンデンサーにかかる電圧は、

$$V_1 = \frac{Q}{C_1},\ V_2 = \frac{Q}{C_2}$$

です。全体の電荷 $Q = C \cdot V$ から、

$$Q = 1.2 \times 5.0 = 6.0 \text{ C}$$

となります。これらの数値を代入すると、

$$V_1 = \frac{6.0}{2.0} = 3.0 \text{ V}$$

$$V_2 = \frac{6.0}{3.0} = 2.0 \text{ V}$$

答：直列接続の場合 1.2 µF、並列接続の場合 5.0 µF
　　直列接続の場合の電圧は 3.0 V と 2.0 V

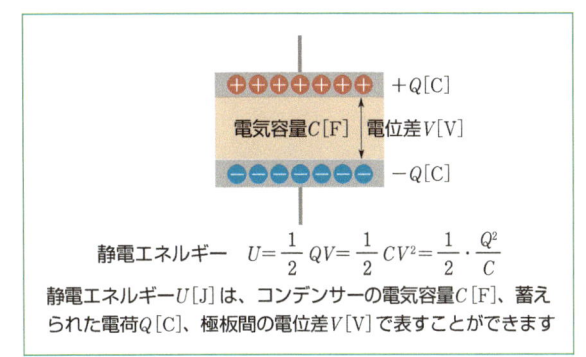

8.1.4 コンデンサーの静電エネルギー

コンデンサーを充電するためには、コンデンサーの極板間の電場から受ける力に抗して仕事をし、電荷を負極から正極へ移動する必要があります。充電されたコンデンサーが放電するとき、充電されたときの仕事に見合う仕事をする能力があり、エネルギーをもっています。このエネルギーを静電エネルギーといいます。静電エネルギー U [J] は、

$$U = \frac{1}{2} \cdot Q \cdot V$$

で表せます（図 8-7）。
$Q = C \cdot V$ を用いると、以下のように表すこともできます。

$$U = \frac{1}{2} \cdot Q \cdot V = \frac{1}{2} \cdot C \cdot V^2 = \frac{1}{2} \cdot \frac{Q^2}{C}$$

静電エネルギー　$U = \frac{1}{2} QV = \frac{1}{2} CV^2 = \frac{1}{2} \cdot \frac{Q^2}{C}$

静電エネルギー U [J] は、コンデンサーの電気容量 C [F]、蓄えられた電荷 Q [C]、極板間の電位差 V [V] で表すことができます

図 8-7　コンデンサーの静電エネルギー

例題 8-2

5.00 V で充電された電気容量 10.0 µF のコンデンサーに蓄えられた静電エネルギーを求めなさい。

解説

$U = \frac{1}{2} \cdot C \cdot V^2$ に数値を代入すると、

$$U = \frac{1}{2} \times 10 \times 10^{-6} \times 5.0^2 = \frac{1}{2} \times 10 \times 10^{-6} \times 25 = 125 \times 10^{-6} = 1.25 \times 10^{-4} \text{ J}$$

答：1.25×10^{-4} J

8.2　オームの法則と電気抵抗

導線の両端に電圧をかけると、導線を流れる電流は、導線の両端にかかる電圧に比例します。これを**オームの法則**といいます。いいかえれば、電圧を大きくすればするほど、電流も大きくなります。電圧 V [V] は、電流を I [A]、比例定数を R [Ω] とすると、

$$V = R \cdot I$$

と表せます。R は英語の Resistance（抵抗）に由来します。

比例定数 R は**電気抵抗**とよばれ、電流の流れにくさを表します。単位は、1 V の電圧をかけて 1 A の電流が流れる場合の電気抵抗の大きさで 1 Ω（オームと読みます）です。

電気抵抗は導線の長さ l [m] や断面積 S [m^2] により変わるので、その影響を受けない**電気抵抗率** ρ [Ω・m] を

$$\rho = R \cdot \frac{S}{l}$$

と定義します。その逆数 $1/\rho$ を**導電率** σ [S・m^{-1}] といい、電流の流れやすさを表しています。単位は S・m^{-1}（ジーメンス毎メートル）です。

電気抵抗率 ρ の単位は、Ω・m（オーム・メートルと読みます）で、ρ [Ω・m] は電気抵抗を構成する材質で決まる定数です。導線の電気抵抗 R [Ω] は、電気抵抗率 ρ [Ω・m] を用いて表わすと、$R = \rho \cdot l/S$ と表わされるので長さ l [m] に比例し、断面積 S [m^2] に反比例することがわかります。

電流を流しにくい材質の導線なら電気抵抗の値は大きくなり、流しやすい材質の導線なら電気抵抗の値は小さくなります。

導線は長ければ長いほど電流が流れにくくなりますが、太ければ太いほど電流が流れやすくなります。断面が 2 倍になれば流れやすさも 2 倍になります。

電流の流れやすさは、コンダクタンスという尺度を用いて示します。導体の長さを l [m]、断面積を S [m^2] とすると、コンダクタンス G [Ω^{-1}] は、

$$G = \sigma \cdot \frac{S}{l} = \frac{1}{\rho} \cdot \frac{S}{l} = \frac{1}{R}$$

で表せます。

精製水の純度は多くの場合、抵抗率や導電率で評価されます。水はごくわずかの部分が水素イオンと水酸化物イオンに電離する（自己解離）ため、純粋な水にも必ずイオンが存在します。完全に純粋な水の理論値は、25℃で 18.3 MΩ・cm（抵抗率）、0.0548 μS・cm^{-1}（導電率）です。一般的に、抵抗率が 1～10 MΩ・cm、導電率が 1.0～0.1 μS・cm^{-1} の範囲を精製水とよんでいます。

8.2.1　抵抗の合成

回路の中に複数個の抵抗があるとき、それらを 1 つの抵抗と考えた場合の抵抗値を**合成抵抗**といいます。

回路の中に複数個の抵抗を横並びにつなげたものを**並列接続**、直線的につないだものを**直列接続**といいます。

図 8-8 (a)のように、抵抗 R_1 [Ω] と抵抗 R_2 [Ω] を並列接続した場合、それぞれの抵抗値の逆数を足し合わせたものが合成抵抗の値 R [Ω] の逆数として求められます。

$$\frac{1}{R} = \frac{1}{R_1} + \frac{1}{R_2}$$

$$R = \frac{1}{\frac{1}{R_1} + \frac{1}{R_2}}$$

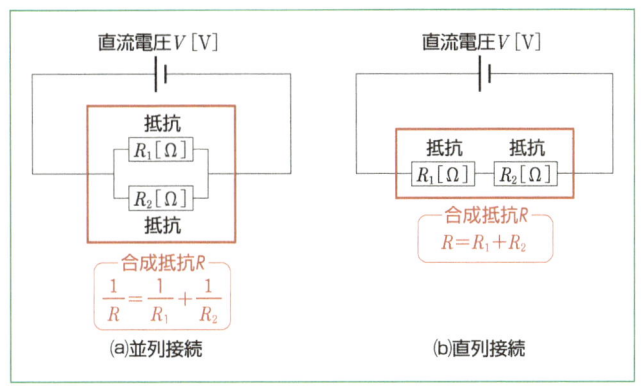

図 8-8 抵抗の合成

例題 8-3

図 8-8 (a)のように 20Ω と 30Ω の抵抗が並列接続されている場合の合成抵抗の値 R [Ω] を求めなさい。

解説

$\frac{1}{R} = \frac{1}{R_1} + \frac{1}{R_2}$ の式に与えられている抵抗の値を代入していきます。

$$\frac{1}{R} = \frac{1}{20} + \frac{1}{30} = \frac{3+2}{60} = \frac{5}{60} = \frac{1}{12}$$

$$R = 12\,\Omega$$

答：12Ω

図 8-8 (b)のように、抵抗 R_1 [Ω] と抵抗 R_2 [Ω] を直列接続した場合、その合成抵抗の値 R [Ω] は、それぞれの抵抗値を足し合わせることで求めることができます。

$$R = R_1 + R_2$$

> **例題 8-4**
> 図 8-8(b)のように 20Ω と 30Ω の抵抗が直列接続されている場合の合成抵抗の値 R [Ω] を求めなさい。

解説

$R = R_1 + R_2$ の式に与えられている抵抗の値を代入していきます。

$R = 20 + 30 = 50\,\Omega$

答：50 Ω

8.2.2　電流計と電圧計

回路内の電流を測定する装置を**電流計**といいます。この電流計は電流値を測定したい場所へ直列に接続します。また、回路内の電圧を測定する装置を**電圧計**といいます。電圧計の場合には、測定したい場所へ並列に接続します。

8.2.3　電流がする仕事

家電を長時間使用していると、熱くなることを経験的に知っているでしょう。これは、抵抗のある導体に電流が流れることで熱が発生するためです。この熱を**ジュール熱**といいます。

ジュール熱は、電流が抵抗において仕事をして、電気的な位置エネルギー、電位差（電圧）を消費することによって発生します。ジュール熱は、記号 W で表し、単位は J です。

抵抗 R [Ω] に電圧 V [V] をかけて電流 I [A] が流れているとき、この導体で t [s] 間に発生するジュール熱 W [J] は、

$$W = V \cdot I \cdot t = R \cdot I^2 \cdot t = \frac{V^2}{R} \cdot t$$

（$V = R \cdot I$ を V に代入した結果）
（$I = \dfrac{V}{R}$ を I に代入した結果）

で表すことができます。

これらの関係はジュールにより発見され、熱力学のジュールの法則と区別して、**ジュールの第一法則**といいます。

> **例題 8-5**
> 20Ω の抵抗に電圧 5.0 V をかけて、電流を 60 秒間流したときに発生するジュール熱 W [J] を求めなさい。

> **解説**

上記の $W = V^2 \cdot t/R$ 式に与えられている数値を代入していきます。

$$W = \frac{5.0^2}{20} \times 60 = \frac{25}{20} \times 60 = 75 \text{ J}$$

答：75 J

8.2.4 電力と電力量

1秒間あたりの電気による仕事を**電力**といい、記号を P で表します。単位は W（ワット）です。ジュールの法則の式を時間 t [s] で割れば電力 P [W] を求めることができます。

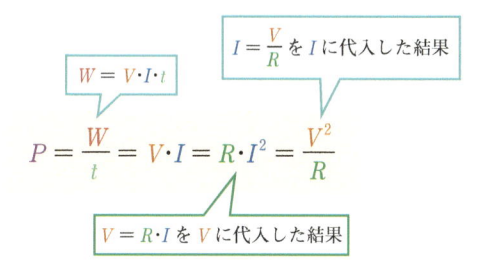

$$P = \frac{W}{t} = V \cdot I = R \cdot I^2 = \frac{V^2}{R}$$

（$W = V \cdot I \cdot t$）
（$I = \frac{V}{R}$ を I に代入した結果）
（$V = R \cdot I$ を V に代入した結果）

電流がした仕事 W [J] は、電力 P [W] と使用時間 t [s] の積で表すことができます。これを**電力量**といいます。電力量の単位は J で、1 J ＝ 1 W·s（ワット秒）です。しかし、電力量を日常的に秒で測定するのが大変なことから、多くの場合、1時間単位で表現します。そのため、W·s の代わりに W·h（ワット時）や kW·h（キロワット時）を使用します。

> **例題 8-6**
> 600 W の電子レンジを 180 秒間かけたときに発生するジュール熱を求めなさい。

> **解説**

$P = W/t$ を変形して、$W = P \cdot t$ とし、これに与えられている数値を代入していきます。

$$W = P \cdot t = 600 \times 180 = 108000 = 1.08 \times 10^4 \text{ J}$$

答：1.08×10^4 J

8.3 直流回路とキルヒホッフの法則

電源と抵抗やコンデンサーあるいはコイルなどを接続してできる電流の流れる通路を**電気回路**といいます。電気回路には、**直流回路**と**交流回路**があります。

一定の向きで一定の大きさの電流が流れ続ける電気回路を**直流回路**といいます。

電気回路を流れる電流と電圧の関係を示した基本的な法則にオームの法則がありました。もう1つの重要な法則として**キルヒホッフの法則**があります。

> キルヒホッフの第1法則
> 回路の中の任意の接続点に流れ込む電流の和は、その点から流れ出す電流の和に等しい。

図8-9のように、電気回路網の分岐点Pに着目した場合、P点に流入したり、流出したりする電流の総和は0です。$i_1 \sim i_3$ [A] は分岐点Pに流入する電流、$i_4 \sim i_6$ [A] は分岐点Pから流出する電流なので、

$$i_1 + i_2 + i_3 = i_4 + i_5 + i_6$$

です。

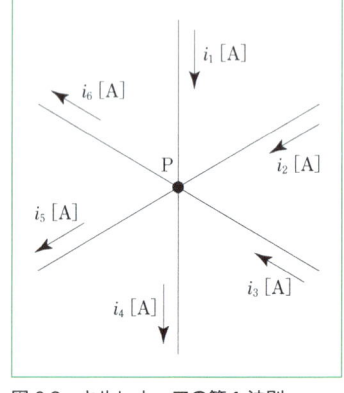

図8-9　キルヒホッフの第1法則

> キルヒホッフの第2法則
> 直流回路中で任意の閉じた環状の回路をたどるとき、回路中の電源の電圧の総和と電圧降下の総和は等しい

図8-10の回路例について、回路(a)、(b)をキルヒホッフの第二法則を用いると、

$$V_1 - V_2 = R_1 \cdot i_1 - R_2 \cdot i_2 \quad \text{(a)}$$
$$V_2 = R_2 \cdot i_2 + R_3 \cdot i_3 \quad \text{(b)}$$

となります。上式は左辺を電源電圧の総和として、右辺を電圧降下の総和として示しています。

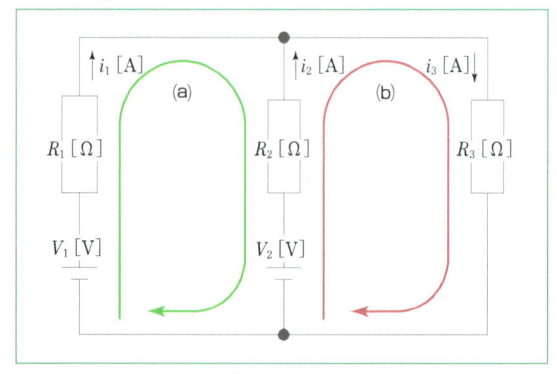

図8-10　キルヒホッフの第2法則

電源および電圧降下の総和は、任意の環状回路を選択して、その回路について電圧の向きを任意に決めます。たとえば、回路(a)の場合、V_1 [V] の電圧の向きを正と決めると、V_2 [V] は負となります。したがって、電源電圧の総和は、$V_1 - V_2$ となります。

次に、抵抗の電圧降下を求めるとき、まず回路の各部（各抵抗）に流れる電流を $i_1 \sim i_3$ [A] のように置いて電流の向きを仮に決めます。回路(a)の向きに流れる電流を正とすれば、i_1 [A] が正、i_2 [A] が負となり、それぞれの電圧降下は、$R_1 \cdot i_1$、$-R_2 \cdot i_2$ となります。

8.4 交流回路

時間的に値（大きさ）が変化する電圧や電流を**交流**といいます。交流電圧波形には、正弦波、方形波、三角波があり、これらの合成波形もまた時間的に変動する交流電圧です。一般的に交流といえば、正弦波をさします。

8.4.1 抵抗に流れる電流

交流電源を⊖で示し、抵抗 R [Ω] を接続しただけの交流回路を図 8-11 に示します。

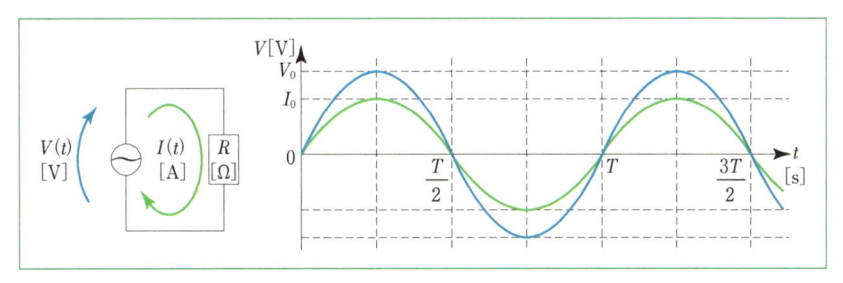

図 8-11　交流電源に接続した抵抗

このとき R [Ω] の両端の交流電源の電圧を $V(t)$ [V] とすると、

$$V(t) = V_0 \sin(\omega \cdot t) \quad (\omega = 2\pi \cdot f)$$

で表せます。ここで、V_0 [V] は交流電圧の最大値です。また、f [Hz] は振動数です。

電圧が時間的に変化したとしても、各瞬間でオームの法則が成り立つので、抵抗 R [Ω] に流れる電流 $I(t)$ [A] は、

$$I(t) = \frac{V(t)}{R} = \frac{V_0}{R} \sin(\omega \cdot t) = I_0 \sin(\omega \cdot t)$$

と表せます。

なお、$I_0 = V_0/R$ は電流の最大値を表します。図 8-11 のように電圧と電流が 0 になる時刻は常に同じで、**抵抗に流れる交流電圧と交流電流の位相は一致しています**。

8.4.2 コイルに流れる電流

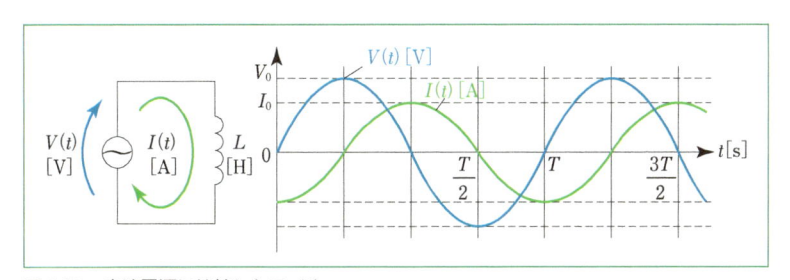

図 8-12　交流電源に接続したコイル

図 8-12 は交流電源にコイルが接続されている交流回路です。コイルは流れる電流の周波数によって抵抗が変化します。**交流による抵抗**を**インピーダンス**といいます。コイルのインピーダンスの大きさ $|Z|$ [Ω] は、

$$|Z| = \omega \cdot L = 2\pi \cdot f \cdot L$$

で表せます。L は、コイルの自己インダクタンスといわれ、単位はヘンリー、記号は H で表されます。

周波数 f [Hz] が大きくなると、コイルのインピーダンス $|Z|$ は増加します。交流電圧 $V(t) = V_0 \sin(\omega \cdot t)$ がコイルの両端に加わった場合の電流 $I(t)$ [A] は、オームの法則によって、

$$I(t) = \frac{V(t)}{\omega \cdot L} = \frac{V_0}{\omega \cdot L} \sin\left(\omega \cdot t - \frac{\pi}{2}\right) = I_0 \sin\left(\omega \cdot t - \frac{\pi}{2}\right)$$

と表される電流がコイルに流れます。図 8-12 のように、コイルに流れる電流の位相は、電圧より $\pi/2$ だけ遅れています。ここで、$I_0 = V_0/(\omega \cdot L)$ は電流の最大値を表します。抵抗に相当する $\omega \cdot L$ を**コイルのリアクタンス**といい、単位には、Ω を使用します。

8.4.3 コンデンサーに流れる電流

図 8-13 のように、交流電源に静電容量 C [F] のコンデンサーが接続されていた場合、交流に対するコンデンサーのインピーダンスの大きさ $|Z|$ [Ω] は、周波数が大きくなると減少します。すなわち、コンデンサーの $|Z|$ [Ω] は、

$$|Z| = \frac{1}{\omega \cdot C} = \frac{1}{2\pi \cdot f \cdot C}$$

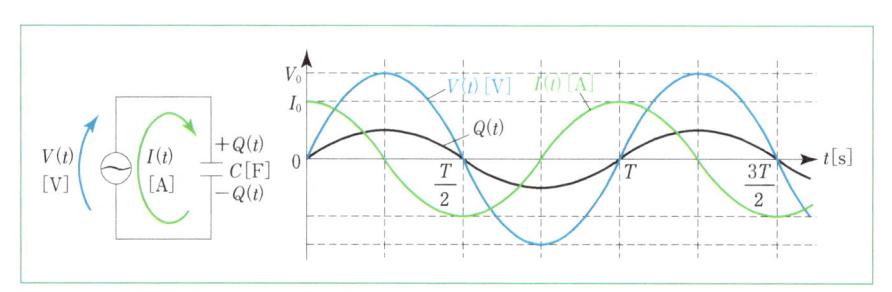

図 8-13 交流電源に接続したコンデンサー

となります。この場合、コンデンサーに流れる交流の電流 $I(t)$ [A] は、

$$I(t) = \frac{V(t)}{|Z|} = \frac{V_0}{\frac{1}{\omega \cdot C}} \sin\left(\omega \cdot t + \frac{\pi}{2}\right) = I_0 \sin\left(\omega \cdot t + \frac{\pi}{2}\right)$$

となり、交流電流の位相は電圧より $\pi/2$ だけ進むことになります。逆に、電圧は電流より $\pi/2$ の位相遅れをもつことになります。

8.4.4 抵抗とコンデンサーに流れる電流

図8-14のように、交流電源に電気抵抗 R [Ω] の抵抗と静電容量 C [F] のコンデンサーが直列接続されている場合、この回路のインピーダンスの大きさ $|Z|$ [Ω] は、

$$|Z| = \sqrt{R^2 + \left(\frac{1}{\omega \cdot C}\right)^2}$$

で表せます。

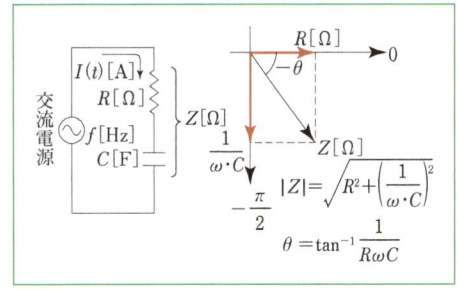

図8-14 コンデンサーと抵抗の直列回路

$V(t) = V_0 \sin(\omega \cdot t)$ の電圧に対して、電流 $I(t)$ [A] は、

$$I(t) = \frac{V(t)}{\sqrt{R^2 + \left(\frac{1}{\omega \cdot C}\right)^2}} \cdot \sin(\omega \cdot t + \theta) = I_0 \cdot \sin(\omega \cdot t + \theta) \qquad (\theta = \tan^{-1}\frac{1}{R \cdot \omega \cdot C})$$

となります。交流電流に対して交流電圧は位相が θ だけ遅れて生じます。

8.4.5 共振回路

図8-15左のように、交流電源に自己インダクタンス L [H] のコイル、電気容量 C [F] のコンデンサー、電気抵抗 R [Ω] の抵抗を接続した回路で交流の周波数 f [Hz] を変化させて回路に流れる電流を測ると、図8-15右のように電流値がある特定の周波数で大きくなります。このように、ある特定の周波数で電流が急激に大きくなる現象を回路の共振といいます。そして、この回路を共振回路といいます。

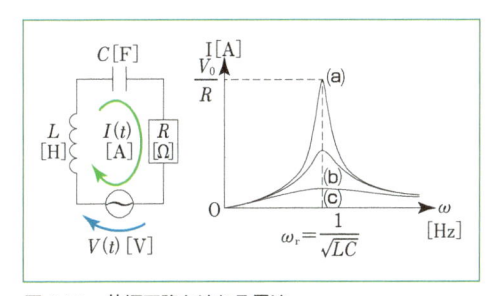

図8-15 共振回路を流れる電流

また、共振が起こる周波数 f_0 [Hz] を共振周波数といいます。この回路で抵抗値 R [Ω] を大きくしていくと、図8-15の右の(a)、(b)、(c)のように最大値が小さくなります。

第9章
量子化学入門

　熱せられた物体から発する光の色は、物体の温度によって変わります。金属の表面に紫外線など振動数の大きな光をあてると、電子が飛び出します。これらの現象は、これまでの物理学では説明がつきませんでした。そこで、光や電子のような小さな粒子は、波動性と粒子性の二重性をもつと考える、新しい物理学がつくられました。

　物理量には、連続量と不連続量があります。たとえば、時間はいくらでも微小な間隔に分けられるので、連続量です。一方、電荷の大きさなどは電子がもつ電荷（電気素量）の大きさの整数倍の値しかとりえないので、不連続量です。

　ある物理量がそれ以上分割できない最小単位の整数倍として表され、それが不連続量であるとき、その最小単位をその物理量の**量子**とよびます。量子は、粒子性と波動性をあわせもちます。

　量子は、とても小さな物質の単位です。物質を形づくっている原子は量子です。また、それを形成しているさらに小さな電子・中性子・陽子も量子です。光の正体である光子も量子です。そのほかにもニュートリノなどといった、これ以上分けられない素粒子も量子です。

9.1 粒子性と波動性

　ここでは、光が波動であると同様に粒子としての性質をもち、電子が粒子であると同様に波動としての性質をもつことをみていきます。

9.1.1 光の粒子性

　これまで光は回折現象や干渉現象から、あるいは電磁波の一種であることから、波としてとらえられてきました。一方で、光が波であるとすると、説明のつかない光電効果やコンプトン散乱などの現象があります。

プランクの量子仮説

　19世紀後半になると、熱や電磁気など、ニュートンが確立した古典力学では説明しきれない現象が発見されるようになりました。古典力学では説明できないことの1つが1900年の**プランクの量子仮説**です。これは、原子レベルでは、エネルギーが飛び飛び（不連続）になっているのではないかという仮説です。

　熱せられた物体から出る光の色が、温度が上がるにつれて変化することが知られていまし

た。その温度と色の関係が曲線で表現されることがわかりましたが、実験から得られた関係を正確に説明する原理がありませんでした。

プランクは、個々の原子が光を発すると考えて、光エネルギーが連続的ではなく、光の波長に応じて不連続的に変化し、エネルギーは最小単位 E の整数倍の値しかとれないという仮説を立て、この現象をうまく説明したのです。

その最小のエネルギーのかたまりを**エネルギー量子**といい、振動数 ν [Hz] である光エネルギー E [J] は、

$$E = h \cdot \nu = \frac{h \cdot c}{\lambda}$$

で与えられるとしました。ここで、c [m·s^{-1}] は真空中の光の速さ ($c = 2.99792458 \times 10^8$ m·s^{-1})、λ [m] は光の波長を表します。また、h [J·s] は**プランク定数**といい、その値は、

$$h = 6.6260696 \times 10^{-34} \text{ J·s}$$

です。

光電効果

金属の表面に紫外線などの光を照射すると、光を吸収して金属の表面から電子が飛び出す現象を**光電効果**といいます（図9-1）。飛び出した電子を**光電子**とよびます。光電効果は、1887年にヘルツによって発見されました。光電効果には、次のような特徴があります。

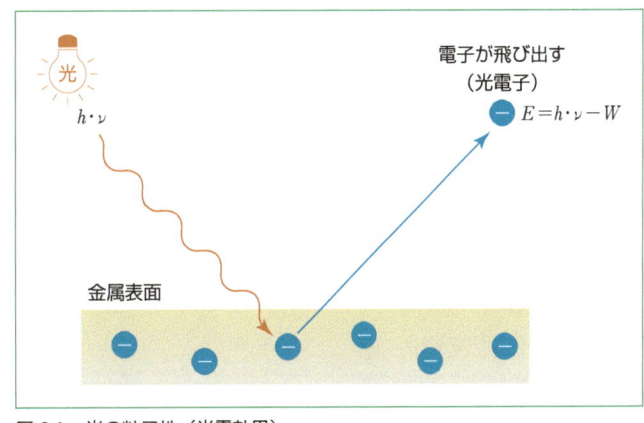

図9-1 光の粒子性（光電効果）

① 光の振動数がある値 ν_0 [Hz] 以上になると、金属の表面から電子が飛び出します。
② 光の振動数が ν_0 [Hz] より小さいと、どんなに強い光をあてても電子は飛び出しません。この ν_0 [Hz] の値を限界振動数といいます。この限界振動数は、金属の種類によって決まる固有の値です。
③ 光の振動数が ν_0 [Hz] より大きいと、どんなに弱い光でも電子が飛び出します。
④ 光電子の運動エネルギーは、光の強さによらず、振動数だけで決まります。
⑤ 光の振動数を一定にして、光を強くしていくと、光電子の運動エネルギーは変わりませんが、光電子数が増加します。

光が波であれば、振動数にかかわらず、強い光を当てれば電子が飛び出すことが予想されま

すが、実際の現象はそうなりませんでした。光が波であるとすると、光電効果を説明することができません。

アインシュタインの光量子説

アインシュタインは、「光は**光子**という粒子の集まりの流れである。光子1個のエネルギー E は振動数 ν [Hz] に比例し、$E = h \cdot \nu$ と表せる。」とする光量子説を唱え、光電効果をうまく説明しました。

金属に光を当てると、光子と衝突して光子からエネルギーを受け取った電子は、金属の束縛エネルギー W [J] より大きなエネルギーを得て、金属から飛び出します。W [J] は金属ごとに決まる定数で**仕事関数**とよばれ、電子1個を金属から飛び出させるのに必要な最小のエネルギーです。仕事関数を W [J] で表し、金属から飛び出した電子の運動エネルギーを K [J] として式で表すと、

$$K = h \cdot \nu - W > 0$$

のとき電子は飛び出します。

$h \cdot \nu - W = 0$ となる振動数を ν_0 [Hz] とすると、金属に当てる光の振動数 ν [Hz] が ν_0 [Hz] より大きければ ($\nu > \nu_0$)、$h \cdot \nu - W > 0$ となり、光子の数が1つ（弱い光）でも電子は金属から飛び出すことができます。

逆に、光の振動数 ν [Hz] が ν_0 [Hz] より小さいと ($\nu < \nu_0$)、どんなにたくさんの光子（強い光）を当てても金属から電子が飛び出しません。

こうして光がエネルギーをもつ粒子の流れであるとすると、うまく光電効果を説明することができます。

光電子の質量 m [kg]、速さ v [m·s^{-1}] とすると、光子を当てて飛び出した光電子の運動エネルギー $(1/2) \cdot m \cdot v^2$ は、

$$\frac{1}{2} \cdot m \cdot v^2 = h \cdot \nu - W$$

の関係が成り立ちます（図9-2）。したがって、光子の振動数と光電子の運動エネルギーとの関係は図9-3のようになります。また、限界振動数では、運動エネルギーは $(1/2) \cdot m \cdot v^2 = 0$ J ですから、上式から、

$$W = h \cdot \nu_0$$

が成り立ちます。

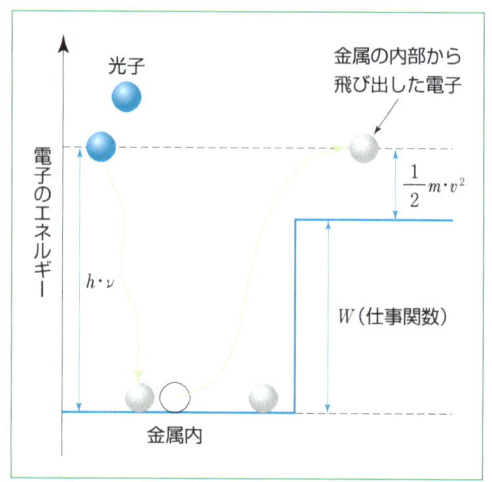

図9-2 電子のエネルギーと仕事関数

仕事関数 W [J] はエネルギーですから、単位としてJ（ジュール）を用いますが、原子核

の分野では、エネルギーを表すのに **eV** がよく用いられています。記号 eV は、**エレクトロンボルト**または**電子ボルト**と読みます。これは電荷 e〔C〕の粒子が真空中を電圧 1 V で加速させられたときに得られるエネルギーの大きさに等しい量です。

$$1 \text{ eV} = 1.60219 \times 10^{-19} \text{ J}$$

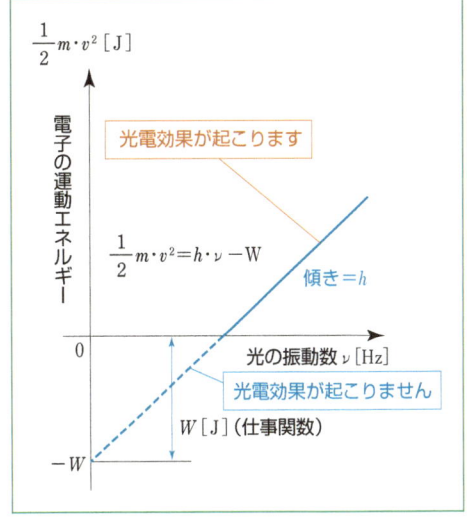

図 9-3 光電効果における運動エネルギーと振動数

> #### 例題 9-1
> ナトリウムの限界振動数は、5.5×10^{14} Hz です。ナトリウムの仕事関数を求めなさい。

解説

前ページの式 $W = h \cdot \nu_0$ に、プランク定数とナトリウムの限界振動数 5.5×10^{14} Hz を代入してナトリウムの仕事関数を求めます。

$1 \text{ eV} = 1.60219 \times 10^{-19} \text{ J}$

$$W = 6.6 \times 10^{-34} \times 5.5 \times 10^{14} = 36.3 \times 10^{-20} = 3.6 \times 10^{-19} \text{ J} = 2.3 \text{ eV}$$

答：3.6×10^{-19} J （2.3 eV）

> #### 例題 9-2
> ナトリウムの D 線の波長 λ〔m〕が 5.9×10^{-7}〔m〕だとした場合、この光のエネルギーは何 eV か求めなさい。

解説

$E = h \cdot \nu = h \cdot c / \lambda$ に与えられた値を代入していきます。

c〔m·s^{-1}〕は光の速さで、有効数が 2 桁ならば 3.0×10^{8} m·s^{-1}、h〔J·s〕はプランク定数で 6.6×10^{-34} J·s です。

$$E = \frac{6.6 \times 10^{-34} \times 3.0 \times 10^{8}}{5.9 \times 10^{-7}} = \frac{19.8 \times 10^{-26}}{5.9 \times 10^{-7}} = 3.4 \times 10^{-19} \text{ J}$$

この値の単位 J を eV に換算します。

9.1 粒子性と波動性

$$E = \frac{3.4 \times 10^{-19}}{1.6 \times 10^{-19}} = 2.1 \text{ eV}$$

答：2.1 eV

コンプトン散乱

電磁波の一種であるX線を電子に衝突させると、X線は電子をはね飛ばし、進行方向を変えて進みます。これを**コンプトン散乱**といいます（図9-4）。コンプトン散乱には、散乱角の増加とともにX線の波長が長くなる（コンプトン効果）という性質があります。また、X線と電子の衝突により、電子は運動エネルギーを得ることができます。

この現象もX線を粒子（光子）の流れとしてとらえ、電子との衝突を粒子どうしの衝突とし、エネルギー保存の法則や運動量保存の法則が成り立つと考えると、うまく説明できます。

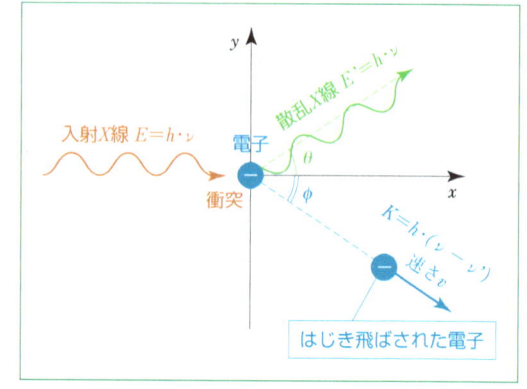

図9-4 コンプトン散乱

X線の粒子（光子）のエネルギーと運動量は、次の式で与えられます。

$$光子のエネルギー E = h \cdot \nu$$

$$光子の運動量 P = \frac{h}{\lambda}$$

例題 9-3

コンプトン散乱によってX線の振動数が 1.0×10^{18} Hz だけ減少しました。はじき飛ばされた電子の速さを求めなさい。

解説

衝突前のX線のエネルギーを $h \cdot \nu$、衝突後のX線のエネルギーを $h \cdot \nu'$、衝突後の電子の運動エネルギーを $(1/2) \cdot m \cdot v^2$ とすると、

エネルギー保存の法則 $h \cdot \nu = h \cdot \nu' + (1/2) \cdot m \cdot v^2$ より、

$$v = \sqrt{\frac{2h(\nu - \nu')}{m}}$$

と表せます。この式に与えられている数値を代入していきます。

$$v = \sqrt{\frac{2 \times 6.6 \times 10^{-34} \times 1.0 \times 10^{18}}{9.1 \times 10^{-31}}} = \sqrt{\frac{13.2 \times 10^{-16}}{9.1 \times 10^{-31}}} = \sqrt{1.45 \times 10^{15}} = 3.8 \times 10^7 \text{ m·s}^{-1}$$

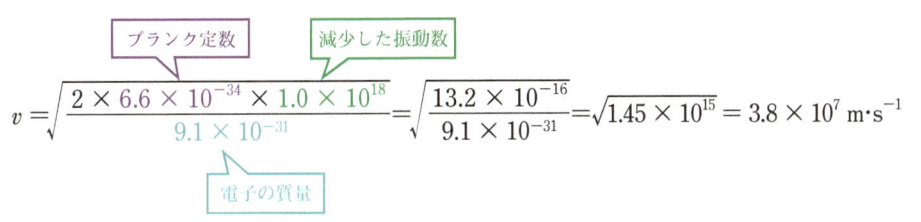

(ブランク定数、減少した振動数、電子の質量)

答：3.8×10^7 m·s^{-1}

9.1.2 電子の波動性

ド・ブロイは、「波と考えられていた光が粒子の性質をもつなら、電子のような粒子は波としての性質をもつのではないか」と考えました。

物質波

粒子が波の性質をもつとき、その波を**ド・ブロイ波**または**物質波**といい、その波長をド・ブロイ波長といいます。ド・ブロイ波長 λ [m] は、光の運動量 $P = h/\lambda$ および物質粒子の運動量 $P = m \cdot v$ から、

$$\lambda = \frac{h}{m \cdot v}$$

と表されます。電子の波動性は後に、回折実験によって証明されます。

例題 9-4

質量 9.1×10^{-31} kg、速さ 1.0×10^6 m·s^{-1} の電子のド・ブロイ波長を求めなさい。ただし、プランク定数は 6.6×10^{-34} J·s とします。

解説

上記のド・ブロイ波長 $\lambda = \dfrac{h}{m \cdot v}$ より、

$$\lambda = \frac{(6.6 \times 10^{-34} \text{ kg·m}^2\text{·s}^{-1})}{(9.1 \times 10^{-31} \text{ kg}) \times (1.0 \times 10^6 \text{ m·s}^{-1})} = \frac{6.6 \times 10^{-34} \text{ kg·m}^2\text{·s}^{-1}}{9.1 \times 10^{-25} \text{ kg·m·s}^{-1}} = 7.3 \times 10^{-10} \text{ m}$$

答：7.3×10^{-10} m

電子の干渉実験

金属箔に電子線を当てると、金属原子に散乱されず、透過した電子ビームは回折、干渉します。このことから、電子は粒子であると同時に波としての性質をもつことが証明されました。

このことを利用して、金属の原子間隔を求めることができます。電子によるド・ブロイ波長を λ [m] とすると、透過した電子が干渉して強め合う条件：$d \cdot \sin \theta = n \cdot \lambda$（$n = 1, 2, 3, \cdots$）より、

$$\text{原子間隔 } d = \frac{n \cdot \lambda}{\sin \theta}$$

9.1 粒子性と波動性　　145

として求まります。

物質波の利用

電子の波動性を用いた装置が電子顕微鏡です。ド・ブロイ波長（$\lambda = h/m \cdot v$）は、運動量の逆数に比例するので、電子の速さを大きくすると、高い分解能で細かい領域を観察することができます。

電位差 V [V] の電極間で加速された電子の速さ v [m·s^{-1}] は、$e \cdot V = (1/2) \cdot m \cdot v^2$ より、

$$v = \sqrt{\frac{2 \cdot e \cdot V}{m}}$$

です。よって、電子のド・ブロイ波長 $\lambda = h/m \cdot v$ より、

$$\lambda = \frac{h}{m \cdot \sqrt{\frac{2 \cdot e \cdot V}{m}}} = \frac{h}{\sqrt{2 \cdot m \cdot e \cdot V}}$$

となります。ただし、e は電気素量で、1.60218×10^{-19} C です。

この式から、電圧 V [V] を上げれば、波長 λ [m] は短くすることができます。

9.2　原子の構造とエネルギー準位

ここでは、水素のスペクトル系列や電子の発見から、原子の構造にせまります。原子内の電子のエネルギーは、飛び飛びの値になることをみていきます。飛び飛びの値になることを**量子化**といい、小さな世界の特徴を表します。

9.2.1　原子の構造

電子の発見

陰極線管を使った実験で、加熱された金属の陰極から陽極に向かって飛び出す粒子が発見されました。この粒子は、負の電荷を帯び、質量は水素原子の約 1/1840 であることがわかりました。この粒子を**電子**といいます。

ラザフォードの原子模型

電子が発見され、原子内には電子のもつ負電荷と等量の正電荷が存在することが予想されました。正電荷の分布を調べるために、薄い金箔に α 粒子（He の原子核 ^{4}He）を照射したところ、ごく一部の α 粒子が後方に散乱されました。

このことから、ラザフォードは「ごく微小な領域に正電荷が集中する原子核と、その周囲を負電荷をもつ電子が周回する」原子模型を考えました（図 9-5）。

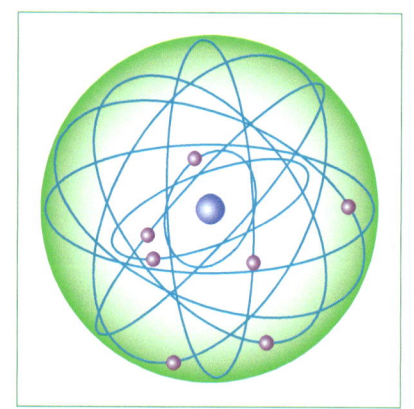

図 9-5　ラザフォードの原子模型

しかし、ラザフォード模型には、「電子が回転のような加速度運動すると周りに電磁波が生じてエネルギーが奪われるのに、なぜ電子がエネルギーを失わないで原子核の周りを回転し続けるのか」「なぜ原子の発光スペクトルは連続でなく、とびとびの輝線からなるのか」といった問題点が残りました。この問題はボーアが解決することになります（9.2.3）。

9.2.2　水素原子の発する光の規則性

電極のついたガラス管に減圧した水素を封じ込めて、高い電圧を電極間に加えると、放電が起こり、水素が光り出します。水素の光は、飛び飛びの波長の光になります（図9-6）。発光する光の波長が不連続の場合を**線スペクトル**といい、可視光のように連続的に色が変わる（波長も変わる）場合を**連続スペクトル**といいます。

図9-6　水素原子のバルマー系列スペクトル

バルマーは、線スペクトルの振動数 ν [Hz] の値に2つの整数 m, n ($m > n$) を用いた簡単な規則性があることを発見しました。

$$\nu = c \cdot R \left(\frac{1}{n^2} - \frac{1}{m^2} \right)$$

ただし、c [m·s^{-1}] は光の速さ ($c = 2.99792458 \times 10^8$ m·s^{-1})、R [m^{-1}] はリュードベリ定数 ($R = 1.09737316 \times 10^7$ m^{-1}) です。

バルマーの発見したスペクトルは、可視光の波長領域ですが、紫外線領域や赤外線領域にも同様な線スペクトルが発見されました。

バルマーのスペクトルは、$n = 2$、$m = 3, 4, 5, \cdots$ の可視光の波長領域を表しています。

ライマンのスペクトルは、$n = 1$、$m = 2, 3, 4, \cdots$ の紫外線の波長領域を表しています。

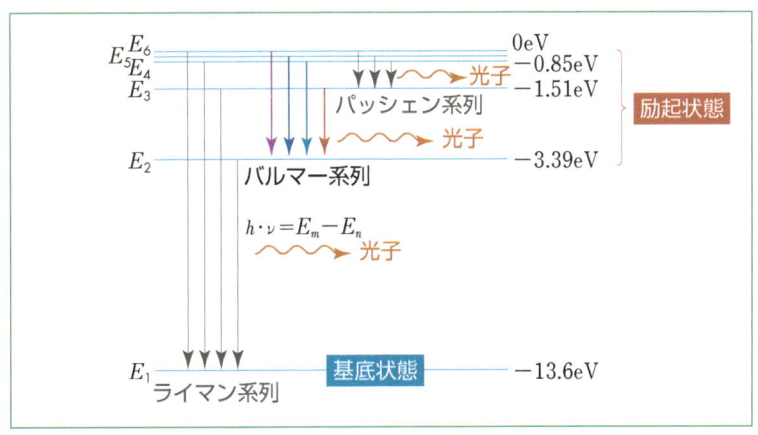

図9-7　水素原子のエネルギー準位とスペクトル系列

パッシェンのスペクトルは、$n=3$、$m=4,5,6,\cdots$の赤外線の波長領域を表しています。nの値が等しい一連の線スペクトルを**水素原子のスペクトル系列**といいます（図9-7）。

9.2.3 ボーアの理論

ボーアは、ラザフォードの原子模型の2つの問題点を解決するために量子条件、振動数条件という2つの考えを提案しました。

量子条件

原子内の電子のもつエネルギーは連続的ではなく、**エネルギー準位**とよばれるその原子に特有な飛び飛びの値をもちます。この許されたエネルギー値をもつ状態を**定常状態**といい、定常状態にあるとき、電子は電磁波を出さず安定です。定常状態の電子の円軌道は、電子の質量をm [kg]、速さをv [m·s^{-1}]、軌道の半径をr [m]とすると、

$$m \cdot v \cdot r = \frac{n \cdot h}{2\pi} \quad (n=1, 2, 3, \cdots)$$

で表せます。

この式を**ボーアの量子条件**、nを**量子数**といいます。

ド・ブロイの物質波の仮説、ド・ブロイ波長 $\lambda = h/(m \cdot v)$ を用いると、量子条件 $m \cdot v \cdot r = n \cdot h/(2\pi)$ は、

$$2 \cdot \pi \cdot r = \frac{n \cdot h}{m \cdot v} = n \cdot \lambda$$

（ド・ブロイ波長）

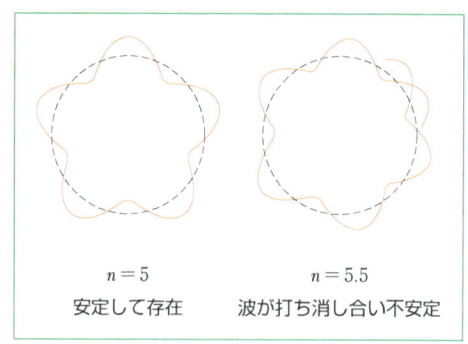

$n=5$ 安定して存在　　$n=5.5$ 波が打ち消し合い不安定

図9-8　電子の軌道と定常波

と表せます。

この式は、「電子軌道の円周の長さ（$2\pi \cdot r$）が電子波の波長λ [m]の整数倍のとき、定常波となってエネルギーを失わず安定化する」ことを表しています（図9-8）。

水素原子の電子の軌道半径

ボーアは、「水素原子は陽子数1の原子核を中心として電子が円運動している。このとき電子は従来の運動の法則に従う」として電子の軌道半径を求めました。

円運動の向心力は、陽子と電子の間にはたらく電気力ですから、

$$m \cdot \frac{v^2}{r} = \frac{1}{4\pi \cdot \varepsilon_0} \frac{e^2}{r^2}$$

と表せます。ただし、万有引力は無視できます。

上の式と量子条件 $m \cdot v \cdot r = n \cdot h/(2\pi)$ から v [m·s^{-1}]を消去すると、電子の軌道半径 r [m]は、

$$r = \frac{\varepsilon_0 \cdot h^2}{\pi \cdot m \cdot e^2} \cdot n^2 \quad (n = 1, 2, 3, \cdots)$$

と表されます。

これにより、電子の軌道半径が飛び飛びの値をとることがわかります。

$n = 1$ のとき、最小軌道半径 a_0 [m] は、

$$a_0 = \frac{\varepsilon_0 \cdot h^2}{\pi \cdot m \cdot e^2} \cdot 1^2 = \frac{\varepsilon_0 \cdot h^2}{\pi \cdot m \cdot e^2} = \frac{8.85 \times 10^{-12} \times (6.63 \times 10^{-34})^2}{3.14 \times 9.11 \times 10^{-31} \times (1.60 \times 10^{-19})^2}$$

$$= \frac{8.85 \times 10^{-12} \times 43.9569 \times 10^{-68}}{28.6054 \times 10^{-31} \times 2.56 \times 10^{-38}} = \frac{389.018565 \times 10^{-80}}{73.229824 \times 10^{-69}} = 5.31 \times 10^{-11} \text{ m}$$

と求まります。この値を**ボーア半径**といいます。ボーア半径 a_0 [m] を使うと、電子の軌道半径 r_n [m] は、

$$r_n = a_0 \cdot n^2$$

となり、最小軌道半径の 1, 4, 9, … 倍と表すことができます。

水素原子の中の電子の力学的エネルギー

運動エネルギー K [J] は、

$$K = \frac{1}{2} \cdot m \cdot v^2 = \frac{e^2}{8\pi \cdot \varepsilon_0 \cdot r} \quad (m \cdot \frac{v^2}{r} = \frac{1}{4 \cdot \pi \cdot \varepsilon_0} \cdot \frac{e^2}{r^2})$$

位置エネルギー U [J] は、

$$U = -\frac{e^2}{4\pi \cdot \varepsilon_0 \cdot r} \quad (電気力 F = \frac{e^2}{4\pi \cdot \varepsilon_0 \cdot r^2})$$

なので、力学的エネルギー E [J] は $E = K + U$ より、

$$E = \frac{e^2}{8\pi \cdot \varepsilon_0 \cdot r} - \frac{e^2}{4\pi \cdot \varepsilon_0 \cdot r} = -\frac{e^2}{8\pi \cdot \varepsilon_0 \cdot r}$$

と表せ、$r = \varepsilon_0 \cdot h^2 \cdot n^2 / (\pi \cdot m \cdot e^2)$ を代入し、量子数 n に対する E を E_n とすると、

$$E_n = -\frac{m \cdot e^4}{8 \cdot \varepsilon_0^2 \cdot h^2} \cdot \frac{1}{n^2} \quad (n = 1, 2, 3, \cdots)$$

となります。

このことから、電子のエネルギーも飛び飛びの値をとることがわかります。

$n = 1$ のとき、電子のエネルギーは最も低く、**基底状態**といい、水素原子の基底状態のエネルギー E_1 [J] は、

$$E_1 = -\frac{m \cdot e^4}{8 \cdot \varepsilon_0^2 \cdot h^2} \cdot \frac{1}{1^2} = -\frac{m \cdot e^4}{8 \cdot \varepsilon_0^2 \cdot h^2} = -\frac{9.11 \times 10^{-31} \times (1.60 \times 10^{-19})^4}{8 \times (8.85 \times 10^{-12})^2 \times (6.63 \times 10^{-34})^2}$$

$$= -\frac{9.11 \times 10^{-31} \times 6.5536 \times 10^{-76}}{8 \times 78.3225 \times 10^{-24} \times 43.9569 \times 10^{-68}} = -\frac{59.703296 \times 10^{-107}}{27542.514402 \times 10^{-92}}$$

$$= -0.00217 \times 10^{-15}$$

$$= -2.17 \times 10^{-18} \text{ J}$$

となります。また、$n \geq 2$ のときを**励起状態**といいます。

電子のエネルギーは、基底状態のエネルギー E_1 [J] を使うと、$E_n = E_1/n^2$ となり、基底状態のエネルギーの $1, 1/4, 1/9, \cdots$ 倍と表すことができます。

振動数条件

原子は、エネルギー準位の高い定常状態からエネルギー準位の低い定常状態に電子が移るとき、これらのエネルギーの差に等しいエネルギーをもつ電磁波を出します。

エネルギー準位を E_m [J]、E_n [J] $(m > n)$、電磁波の振動数を ν [Hz] とすると、

$$\nu = \frac{E_m - E_n}{h}$$

と表せます。この式を**ボーアの振動数条件**といいます。

水素のスペクトル系列

水素原子から発する電磁波の振動数 ν [Hz] は、ボーアの振動数条件に電子のエネルギーの式を代入すると、

$$\nu = \frac{E_m - E_n}{h} = \frac{1}{h} \cdot \left\{ -\frac{m \cdot e^4}{8 \cdot \varepsilon_0^2 \cdot h^2} \cdot \frac{1}{m^2} - \left(-\frac{m \cdot e^4}{8 \cdot \varepsilon_0^2 \cdot h^2} \cdot \frac{1}{n^2} \right) \right\}$$

$$= \frac{m \cdot e^4}{8 \cdot \varepsilon_0^2 \cdot h^3} \cdot \left(\frac{1}{n^2} - \frac{1}{m^2} \right)$$

となります。ここで、$R = m \cdot e^4 / (8 \cdot \varepsilon_0^2 \cdot h^3 \cdot c)$ とおくと、

$$\nu = c \cdot R \cdot \left(\frac{1}{n^2} - \frac{1}{m^2} \right)$$

が得られます。R [m^{-1}] はリュードベリ定数、c [m·s^{-1}] は光の速さです。

バルマーが導いた式の n, m は、ボーアの量子数を意味し、エネルギー準位を表すことになります。

ボーアの原子模型は、ラザフォードの模型の2つの問題点を解消しました。

> **例題 9-5**
> バルマー系列の $n=2$、$m=3$ のときの光の振動数を有効数値 3 桁で求めなさい。

解説

$\nu = c \cdot R \cdot \left(\dfrac{1}{n^2} - \dfrac{1}{m^2}\right)$ に $n=2$、$m=3$ を代入して、振動数を求めていきます。

$$\nu = 2.998 \times 10^8 \times 1.097 \times 10^7 \cdot \left(\dfrac{1}{2^2} - \dfrac{1}{3^2}\right)$$

$$= 3.2888 \times 10^{15} \times \left(\dfrac{1}{4} - \dfrac{1}{9}\right)$$

$$= 3.2888 \times 10^{15} \times \left(\dfrac{9}{36} - \dfrac{4}{36}\right) = 3.2888 \times 10^{15} \times \dfrac{5}{36}$$

$$= 4.57 \times 10^{14} \text{ Hz}$$

答：4.57×10^{14} Hz

9.3　不確定性原理、波動方程式と原子軌道

　ここでは、粒子性と波動性の 2 つの性質をあわせもつ小さな世界に現れる原理や、原子内の電子が波としてふるまうことから、その波動方程式や原子軌道について触れていきます。

9.3.1　不確定性原理

位置の不確かさ

　電子の運動する様子を知るには、電子の通り道を細く絞った光で照射して、電子によって散乱された光を観測する必要があります。このとき、電子の存在領域 $\Delta x \text{[m]}$ が波長 $\lambda \text{[m]}$ より小さいと光は散乱されないので、位置の測定値の不確かさ $\Delta x \text{[m]}$ は $\lambda \text{[m]}$ 程度以上となります。

$$\Delta x \gtrsim \lambda$$

運動量の不確かさ

　電子に当てる光子の数は、1 以下にはできません。光は、h/λ の運動量をもつため、電子に光を当てると電子の運動量は、h/λ 程度の変化をします。電子の運動量の不確かさ $\Delta p \text{[kg·m·s}^{-1}\text{]}$ は、h/λ 程度以上となります。

$$\Delta p \gtrsim \dfrac{h}{\lambda}$$

位置と運動量の不確かさ

波長 λ[m] を小さくすると、位置の不確かさ（$\Delta x \gtrsim \lambda$）は小さくなりますが、運動量の不確かさ（$\Delta p \gtrsim h/\lambda$）は大きくなります。

位置と運動量の不確かさの積は、

$$\Delta x \cdot \Delta p \gtrsim h$$

と表せます。

このことから、「電子のような微小なものの位置と運動量の両方を同時に正確に測定することはできません」。これをハイゼンベルクの**不確定性原理**といいます。

9.3.2 波動方程式

シュレディンガーの波動方程式

シュレディンガーは、電子が空間を波として伝わることから、一般の波と同様に波動方程式を導きました。波動方程式は一般の波の場合は、

$$\frac{d^2 y}{dt^2} = v^2 \frac{d^2 y}{dx^2}$$

と表されます。しかし、電子の場合は、

$$i \cdot \left(\frac{h}{2\pi}\right) \frac{\partial}{\partial t} \psi = -\frac{1}{2m} \cdot \left(\frac{h}{2\pi}\right)^2 \left(\frac{\partial^2}{\partial x^2} + \frac{\partial^2}{\partial y^2} + \frac{\partial^2}{\partial z^2}\right) \psi + V(x, y, z) \psi$$

と表されます。

この方程式を**シュレディンガーの波動方程式**といいます。波動方程式の解を**波動関数**といい、ψ（プサイ）で表します。波動関数の絶対数の2乗はある時刻、ある位置での電子の確率密度を与え、波動関数は電子の位置を確率論的に表現しています。そのため、電子は原子内に見出される確率が最も高いですが、その周囲に存在することも可能です。なお、波動関数を決めるには、主量子数、方位量子数、磁気量子数3つの量子数を指定する必要があります。

量子数と原子軌道

① 原子を構成するひとつひとつの電子は、ほかの電子とは独立な定常波としてふるまいます。電子の定常波を表す波動関数を**原子軌道**といいます。

② 原子軌道は、**量子数**（主量子数 n、方位量子数 l、磁気量子数 m）によって表されます。

③ **主量子 n** は、電子のエネルギー状態を決め、電子が存在する電子殻を表します。$n = 1, 2, 3, \cdots$ に対応して、それぞれ K 殻、L 殻、M 殻、… とよばれます。

④ **方位量子数 l** は、電子が原子核を中心に回転しているとすると、電子の軌道角運動量を表し、電子の軌道の違いを表しています。方位量子数は、$l = 0, 1, 2, \cdots, n-1$ の n 通りの値がとれます。この l の数値の順に、原子軌道はそれぞれ s 軌道、p 軌道、d 軌道、… とよばれます。

⑤ **磁気量子数** m は、状態の分かれかたを決める値です。軌道電子の磁気的性質から、磁場が加わると、軌道角運動量を表す方位量子数 l に対して $m = 0, \pm 1, \pm 2, \cdots, \pm l$ の $2l + 1$ 個の量子化された状態に分かれます。

9.4 原子核崩壊と放射線

9.4.1 原子の構成

原子は原子核と電子からなります。原子核は、陽子と中性子からなり、原子核を構成する粒子を**核子**といいます（表 9-1）。

表 9-1 核子と電子の電荷と質量

	電荷	質量
陽 子	$+1.6022 \times 10^{-19}$ C	1.6726×10^{-27} kg
中性子		1.6749×10^{-27} kg
電 子	-1.6022×10^{-19} C	9.1094×10^{-31} kg

原子核中の陽子数を**原子番号**とよび、陽子数と中性子数の和を**質量数**といいます。原子番号 Z、質量数 A の元素 X の原子あるいは原子核を ^A_ZX と表します。原子番号が同じで質量数が異なる原子、または原子核を**同位体**といいます。化学的性質は陽子数と同じ原子番号で決まるので、同位体どうしの化学的性質は同じになります。

9.4.2 原子質量単位（質量の単位の1つ）

kg や g の単位は、身近な水の質量を基準としてつくられたもので、原子や分子などの小さな質量を表すのに不便です。そこで、炭素原子の質量を基準としてつくられた単位が原子質量単位で、記号は u です。

1 u は、$^{12}_{6}$C 原子 1 個の質量の 1/12 に相当し、1 u $= 1.66 \times 10^{-27}$ kg です。

$^{12}_{6}$C の質量は 12 u ですが、自然界にある元素の多くは、同位体が一定の割合で混じって存在しているので、その存在比を加味した原子の平均の質量をその元素の**原子量**といいます。

たとえば、$^{12}_{6}$C の存在比は 98.93 % で質量は 12 u であり、$^{13}_{6}$C の存在比は 1.07 % で、質量は 13.00 u です。

炭素の原子量を求めると、
$12 \times 0.9893 + 13.00 \times 0.0107 = 11.8716 + 0.1391 = 12.0107$ u

炭素の原子量は、12.01 u です。

9.4.3 放射線

1896 年にベクレルは、蛍光物質であるウラン化合物から物質をよく透過し、X 線と同じように写真乾板を感光させ、空気をイオン化する何ものかが放出されることを発見しました。この放出される何ものかを放射線といい、放出する物質を**放射性物質**といいます。

放射性物質から放出される放射線は α 線、β 線、γ 線があります。

α 線は、$2e$ の正電荷をもち、数 cm の空気しか透過できません。
α 粒子（ヘリウム原子核 $^4_2$He）が飛んでいる状態が α 線です。

β 線は、磁場によって曲げられます。そして、負電荷をもち、数 mm のアルミニウムを透過できます。電子が高速で飛んでいる状態が β 線です。

γ 線は透過力が強い、波長の短い電磁波です。

放射線は物質中を透過するときに、物質中の原子から電子を放出させてイオン化します。この作用を**電離作用**といいます。電離作用の強さは、α 線 $>$ β 線 $>$ γ 線であり、逆に物質中を透過する能力は、γ 線 $>$ β 線 $>$ α 線となります。

放射線を出す性質を**放射能**といいます。放射能をもつ原子核を**放射性同位体（ラジオアイソトープ）**といいます。放射性物質由来ではないですが、同様に透過力が極めて大きい中性子線や大気圏外からくる宇宙線、放電管などで発生する X 線なども放射線とよばれます。

9.4.4 原子核の崩壊

放射性同位体は、放射線を出しながら異なる核種に変化します。不安定な核種がより安定な核種に変化する現象を**崩壊**または**壊変**といい、α 崩壊、β 崩壊、γ 線の放出があります。

α 崩壊は、α 粒子（ヘリウム原子核 ${}^{4}_{2}\text{He}$）を放出します。

原子番号は 2 減少、質量数は 4 減少します。

$${}^{A}_{Z}\text{X} \rightarrow {}^{A-4}_{Z-2}\text{X} + \alpha$$

例：${}^{238}_{92}\text{U} \rightarrow {}^{234}_{90}\text{Th} + \alpha({}^{4}_{2}\text{He})$

β 崩壊は、中性子 (n) 1 個が陽子 (p) 1 個に変換され、β 線（電子 e^-）1 個を放出します。

$$n \rightarrow p + e^-$$

原子番号は 1 増加、質量数は変化しません。

$${}^{A}_{Z}\text{X} \rightarrow {}^{A}_{Z+1}\text{X} + e^-$$

例：${}^{14}_{6}\text{C} \rightarrow {}^{14}_{7}\text{N} + e^-$

γ 線の放出は、励起状態にある原子核が γ 線（電磁波）を放出してエネルギーの小さい励起状態、あるいは基底状態に遷移する現象です。原子番号も質量数も変化しません。

α 崩壊や β 崩壊でできた原子核が不安定ならば、安定な原子核になるまで崩壊を続けます。この一連の原子核崩壊を**崩壊系列**といいます。

原子核が壊れる現象は、環境条件に無関係で放射性同位体に固有の確率で起こります。放射性同位体の原子数がもとの数の半分に減少するまでに要する時間を**半減期**といいます。

9.4.5 崩壊の法則

はじめの原子核の数を N_0、時間 t [s] 後の壊れないで残っている原子核の数を N、半減期を T [s] として、残留率 N/N_0 と時間 t [s] の関係をグラフで表すと、図 9-9 のようになります。

グラフより、時間 t [s] のときの残留率は、

$$\frac{N}{N_0} = \left(\frac{1}{2}\right)^{\frac{t}{T}}$$

と表せます。この式で表せる関係を**崩壊法則**といいます。

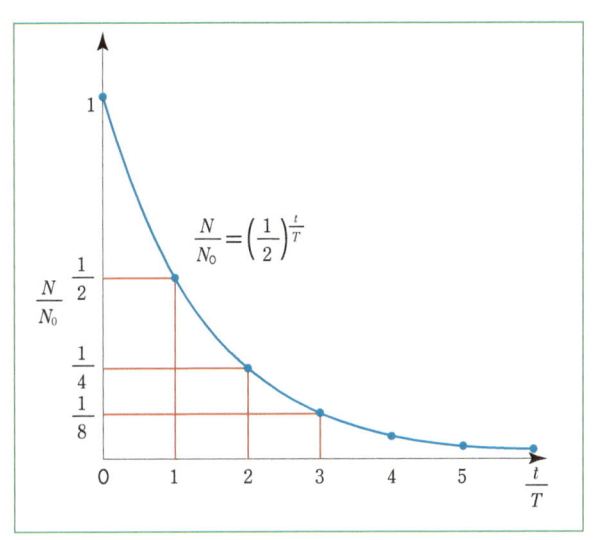

図 9-9 時間 t とともに崩壊せずに残っている放射性同位体の数 N

例題 9-6
$^{225}_{88}$Ra の半減期は、1.6×10^3 年です。1.0 g の $^{225}_{88}$Ra が 0.25 g になるのに何年かかるか求めなさい。

解説

崩壊法則の式 $N/N_0 = (1/2)^{t/T}$ に与えられている値を代入して求めます。

残留率 N/N_0 は、$0.25/1.0 = 1/4$ です。

$$\frac{1}{4} = \left(\frac{1}{2}\right)^{\left(\frac{t}{1.6 \times 10^3}\right)} = \frac{1}{2^{\left(\frac{t}{1.6 \times 10^3}\right)}}$$

両辺を逆数にして、

$$4 = 2^{\left(\frac{t}{1.6 \times 10^3}\right)}$$

これを対数の形にします。すると、

$$\log_2 4 = \frac{t}{1.6 \times 10^3}$$

$$t = 1.6 \times 10^3 \times \log_2 4 = 1.6 \times 10^3 \times 2 = 3.2 \times 10^3 \text{ 年}$$

答：3.2×10^3 年

9.4 原子核崩壊と放射線

上の式で 1.6×10^3 は単位を「年」とした場合の半減期 T、$\log_2 4$ の 4 は残留率 N/N_0 の逆数ですから、原子数が N_0 から N に減少するのに必要な時間を求める式は、

$$t = T \times \log_2 \frac{N_0}{N}$$

となります。

演習問題

問 1 次に示す単位のうち、SI 基本単位でないのはどれか。1 つ選べ。(第 100 回薬剤師国家試験問題より)

1　m（メートル）　　2　kg（キログラム）　　3　J（ジュール）　　4　K（ケルビン）
5　s（秒）

問 2 「0.0120」で表される数値について、有効数字の桁数はどれか。1 つ選べ。(第 99 回薬剤師国家試験問題より)

1　1桁　　2　2桁　　3　3桁　　4　4桁　　5　5桁

問 3 1×10^5 N/m²、107 ℃で水素 1.0 mol と酸素 0.50 mol を反応させ、水（気体）を合成した。この反応にともない 243 kJ の熱が発生した。水素と酸素はすべて反応し、温度および圧力は一定であった。この反応に伴う内部エネルギー変化（kJ）に最も近いのはどれか。1 つ選べ。ただし、気体定数 $R = 8.31$（J·mol⁻¹·K⁻¹）とする。(第 99 回薬剤師国家試験問題より)

1　−360　　2　−240　　3　−120　　4　120　　5　240　　6　360

問 4 化学反応にともない熱の発生、吸収が起こる。たとえば、標準状態（1 bar, 25 ℃）におけるグルコース生成の熱化学方程式は、次式で表せる。

$$6\text{C}(s) + 6\text{H}_2(g) + 3\text{O}_2(g) \rightarrow \text{C}_6\text{H}_{12}\text{O}_6(s) \quad \Delta H° = -1{,}274 \text{ kJ·mol}^{-1} \quad \cdots ①$$

$\Delta H°$ は標準状態のエンタルピー変化であり、(s) は固体、(g) は気体状態を示す。
次の記述のうち、誤っているのはどれか。2 つ選べ。(第 89 回薬剤師国家試験問題より)

1　$\Delta H°$ は標準状態の熱量変化を示し、式①では 1,274 kJ·mol⁻¹ の吸熱があることを示す。
2　グルコース生成反応は、エントロピー駆動の反応である。
3　標準状態における 1 モルの化合物を生成させる反応のエンタルピー変化を標準反応エンタルピーという。
4　式①の $\Delta H°$ は、グルコース (s)、炭素 (s)、水素 (g) の燃焼熱から求まる。
5　エンタルピーは状態量であるから、反応の経路によらない。すなわち、どんな中間反応が起こってもエンタルピー変化は同じであり、この原理をヘス (Hess) の法則という。

問5 紫外可視吸光度測定法に関する次の記述のうち、正しいのはどれか。2つ選べ。(第100回薬剤師国家試験問題より)

ただし、図のように測定に用いた単色光の入射光の強さをI_0、透過光の強さをIとする。

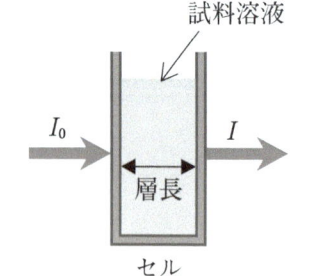

1 透過度tは$t = \dfrac{I}{I_0}$で表される。
2 透過度tと吸光度Aの間には、$A = 2 - \log t$の関係がある。
3 層長を2倍にすると、透過度tは2倍になる。
4 試料溶液が十分に希薄な場合、濃度を2倍にすると吸光度Aは2倍になる。
5 吸光度の単位はcd(カンデラ)である。

問6 紫外可視吸光度測定法において、吸光度と比例するのはどれか。1つ選べ。(第97回薬剤師国家試験問題より)

1 透過度　　2 透過率　　3 試料の濃度　　4 比吸光度の対数
5 モル吸光係数の対数

問7 放射線に関する記述のうち、正しいのはどれか。2つ選べ。(第96回薬剤師国家試験問題より改変)

1 α線の飛跡は、電場や磁場の影響を受けない。
2 β⁻線は、物質の軌道電子との相互作用で後方散乱されることがある。
3 γ線のエネルギーが大きい場合、原子核との相互作用で電子と陽子の対生成が起こる。
4 半価層は、透過放射線量が入射放射線量に対して半分になる吸収体の厚さである。

問8 放射線に関する記述のうち、誤っているのはどれか。2つ選べ。(第93回薬剤師国家試験問題より)

1 α線は、線スペクトルを示す。
2 α線の本体は、電子である。
3 β⁻線の透過性は、α線の透過性よりも大きい。
4 β⁺線は放射されたあと、運動エネルギーを失った状態で電子と結合して消滅し、消滅放射線が放射される。
5 γ線は、電荷をもった粒子線である。

演習問題の正答と解説

問 1 【第 1 章関連】

答：3

解説

1.2 で解説しているように、SI 単位系は基本単位と組立単位からなっています。J（ジュール）は、エネルギー、仕事あるいは熱量を表す固有の名称をもつ組立単位であり、基本単位を使うと、$J = m^2 \cdot kg \cdot s^{-2}$ となります。

問 2 【第 1 章関連】

答：3

解説

1.7 で解説しているように、小数点より右側で 0 でない数字（この場合は 2）の右側にある 0 は桁数に数えます。したがって桁数は 3 桁になります。

```
        ┌── 位取りを示す 0
    0.0120
       有効数字
```

問 3 【第 4 章関連】

答：2

解説

この反応は次式で表されます。

$$H_2 + \frac{1}{2} O_2 \rightarrow H_2O$$

気体のモル数は、反応前は水素 1.0 mol と酸素 0.50 mol の合計 1.5 mol ですが、反応後は 1.0 mol に減少しています。すなわち、$\Delta n = 1.0 \text{ mol} - 1.5 \text{ mol} = -0.5 \text{ mol}$ です。

4.4.5 で解説しているように、圧力が一定の条件では、エンタルピー変化 ΔH は物質が得た熱量 Q_P に等しくなります。反応によって 243 kJ の熱が発生したので、系からは 243 kJ の熱が失われたことになります。すなわち、$\Delta H = -243$ kJ です。

一方、圧力が一定のとき $\Delta H = \Delta U + P \cdot \Delta V$ なので、移項して $\Delta U = \Delta H - P \cdot \Delta V$ となります。理想気体の状態方程式 $P \cdot V = n \cdot R \cdot T$ より、温度が一定なので、$P \cdot \Delta V = \Delta n \cdot R \cdot T$ となります。

すなわち、$\Delta U = \Delta H - \Delta n \cdot R \cdot T$ となります。この式に値を代入すると、次のように答が求められます。

$$\Delta U = -243 \text{ kJ} - (-0.5 \text{ mol}) \times (8.31 \text{ J} \cdot \text{mol}^{-1} \cdot \text{K}^{-1}) \times (273 + 107 \text{ K})$$
$$= -243 \text{ kJ} + 1580 \text{ J} = -243 \text{ kJ} + 1.58 \text{ kJ} = -241 \text{ [kJ]}$$

問4 【第4章関連】

答：1、2

解説

誤りの理由は以下の通りです。
1 エンタルピー変化が負であるということは、系のエンタルピーが減少していることを示すので、発熱反応です。
2 燃焼によるエンタルピー減少が大きく、エンタルピー駆動の反応です。

問5 【第6章関連】

答：1、4

解説

誤りの理由は以下の通りです。
2 吸光度 $A = \log \dfrac{I_0}{I} = -\log t$ です。
3 5.6.7 のランベルト・ベールの法則から、吸光度 A は層長に比例しますが、透過度 t は層長に比例しません。
5 1.2 で解説しているように、cd（カンデラ）は光度の SI 基本単位で、吸光度には単位がありません。

問6 【第6章関連】

答：3

解説

5.6.7 で解説しているように、吸光度 $A = \log \dfrac{I_0}{I} = \varepsilon \cdot c \cdot l = -\log t$ なので、吸光度と比例するのは試料の濃度 c です。

問7 【第8章関連】

答：2、4

解説

誤りの理由は以下の通りです。
1 8.4.3 で解説しているように、α 線は He の原子核が飛んでいるものであり 2e の正電荷をもちます。そのため、電場や磁場の影響を受けます。
3 γ 線のエネルギーが大きい場合、原子核との相互作用で電子と陽電子の対形成は起こりますが、電子と陽子の対形成は起こりません。

問8 【第8章関連】

答：2、5

解説

誤りの理由は以下の通りです。

2 8.4.3 で解説しているように、α線の本体は、He（ヘリウム）の原子核です。

5 γ線は、電磁波です。

付表

付表1　7つのSI基本単位と定義

基本量 名称	記号	SI基本単位 名称	記号	定義
長さ	l, x, r	メートル	m	1秒の299792458分の1の時間に光が真空中を伝わる行程の長さ
質量	m	キログラム	kg	国際キログラム原器の質量
時間	t	秒	s	セシウム133の原子の基底状態の二つの超微細構造準位の間の遷移に対応する放射の周期の9192631770倍の継続時間
電流	I, i	アンペア	A	真空中に1メートルの間隔で平行に配置された無限に小さい円形断面積を有する無限に長い二本の直線状導体のそれぞれを流れ、これらの導体の長さ1メートルにつき2×10^{-7}ニュートンの力を及ぼし合う一定の電流
熱力学温度	T	ケルビン	K	水の三重点の熱力学温度の1/273.16
物質量	n	モル	mol	①0.012キログラムの炭素12の中に存在する原子の数に等しい数の要素粒子を含む系の物質量 ②モルを用いるとき、要素粒子が指定されなければならないが、それは原子、分子、イオン、電子、その他の粒子またはこの種の粒子の特定の集合体であってよい
光度	I_v	カンデラ	cd	周波数540×10^{12}ヘルツの単色放射を放出し、所定の方向におけるその放射強度が1/683ワット毎ステラジアンである光源の、その方向における光度

付表2　固有名称とその独自の記号によるSI組立単位

物理量	単位	読み方	他のSI単位による表現	SI単位系を用いた表現
平面角	rad	ラジアン		$m \cdot m^{-1} = 1$
立体角	sr	ステラジアン		$m^2 \cdot m^{-2} = 1$
周波数	Hz	ヘルツ		s^{-1}
力	N	ニュートン		$kg \cdot m \cdot s^{-2}$
圧力、応力	Pa	パスカル	$N \cdot m^{-2}$	$m^{-1} \cdot kg \cdot s^{-2}$
エネルギー、仕事、熱量	J	ジュール	$N \cdot m$	$m^2 \cdot kg \cdot s^{-2}$
工率、放射束	W	ワット	$J \cdot s^{-1}$	$m^2 \cdot kg \cdot s^{-3}$
電荷、電気量	C	クーロン	$A \cdot s$	
電位差（電圧）、起電力	V	ボルト	$J \cdot C^{-1}$	$m^2 \cdot kg \cdot s^{-3} \cdot A^{-1}$
静電容量	F	ファラド	$C \cdot V^{-1}$	$m^{-2} \cdot kg^{-1} \cdot s^4 \cdot A^2$
電気抵抗	Ω	オーム	$V \cdot A^{-1}$	$m^2 \cdot kg \cdot s^{-3} A^{-2}$
コンダクタンス	S	ジーメンス	$A \cdot V^{-1}$	$m^{-2} \cdot kg^{-1} \cdot s^3 \cdot A^2$
磁束	Wb	ウェーバ	$V \cdot s$	$m^2 \cdot kg \cdot s^{-2} \cdot A^{-1}$
磁束密度	T	テスラ	$Wb \cdot m^{-2}$	$kg \cdot s^{-2} \cdot A^{-1}$
インダクタンス	H	ヘンリー	$Wb \cdot A^{-1}$	$m^2 \cdot kg \cdot s^{-2} \cdot A^{-2}$
セルシウス度	℃	セルシウス度		
光束	lm	ルーメン	$cd \cdot sr$	$m^2 \cdot m^{-2} \cdot cd = cd$
照度	lx	ルクス	$lm \cdot m^{-2}$	$m^2 \cdot m^{-4} \cdot cd = m^{-2} \cdot cd$
（放射性核種の）放能	Bq	ベクレル		s^{-1}
吸収線量、質量エネルギー分与、カーマ	Gy	グレイ	$J \cdot kg^{-1}$	$m^2 \cdot s^{-2}$
（各種の）線量当量	Sv	シーベルト	$J \cdot kg^{-1}$	$m^2 \cdot s^{-2}$
酵素活性	kat	カタール		$s^{-1} \cdot mol$

付表3　SI接頭語

乗数	名称	記号	乗数	名称	記号
10^{-1}	デシ	d	10^{1}	デカ	da
10^{-2}	センチ	c	10^{2}	ヘクト	h
10^{-3}	ミリ	m	10^{3}	キロ	k
10^{-6}	マイクロ	μ	10^{6}	メガ	M
10^{-9}	ナノ	n	10^{9}	ギガ	G
10^{-12}	ピコ	p	10^{12}	テラ	T
10^{-15}	フェムト	f	10^{15}	ペタ	P
10^{-18}	アト	a	10^{18}	エクサ	E
10^{-21}	ゼプト	z	10^{21}	ゼタ	Z
10^{-24}	ヨクト	y	10^{24}	ヨタ	Y

付表4　ギリシャ文字のその読み方と使用例

ギリシャ文字 小文字	ギリシャ文字 大文字	読み方 カナ表示	読み方 アルファベット表示	使用例
α	A	アルファ	alpha	α線
β	B	ベータ	beta	角加速度、β線
γ	Γ	ガンマ	gamma	比熱比、γ線
δ	Δ	デルタ	delta	微少量
ε	E	イプシロン	epsilon	誘電率
ζ	Z	ゼータ	zetam, dzeta	複素数
η	H	イータ	eta	粘性率
θ	Θ	シータ	theta	角度、温度
ι	I	イオタ	iota	
κ	K	カッパ	kappa	
λ	Λ	ラムダ	lambda	波長
μ	M	ミュー	mu, my	ミクロン、透磁率
ν	N	ニュー	nu, ny	振動数
ξ	Ξ	グサイ	xi	波動関数
o	O	オミクロン	omicron	
π	Π	パイ	pi	円周率
ρ	P	ロー	rho	密度、抵抗率
σ	Σ	シグマ	sigma	導電率
τ	T	タウ	tau	寿命、時定数
u	U	ウプシロン	upsilon, ypsilon	
φ	Φ	ファイ	phi	位相
χ	X	カイ	chi, khi	位相
ψ	Ψ	プサイ	psi	波動関数
ω	Ω	オメガ	omega	角速度

索引

欧文索引

2倍振動 79
3倍振動 79
cal 55
eV 143
F 126
J 37
mmHg 25
N 16
Pa 24
SI 接頭語 5
SI 単位系 2
Torr 25
V 111
W 40
α 線 153
α 崩壊 154
β 線 154
β 崩壊 154
γ 線 154
γ 線の放出 154

和文索引

あ

あいまいさ 10
圧力 23
アニオン 99
アルキメデスの原理 28
イオン 99
位相 73
位置エネルギー 41
陰イオン 99
インピーダンス 138
腕の長さ 22
うなり 82
運動エネルギー 44
運動の第一法則 18, 29
運動の第三法則 34
運動の第二法則 31
運動の法則 29, 31
運動方程式 31
運動摩擦係数 21
運動摩擦力 21
運動量 35
運動量保存の法則 51
液化 58

液体 57
エコー 81
エネルギー 13, 41
エネルギー準位 148
エネルギー量子 141
エレクトロンボルト . . 143
遠心力 30
エンタルピー 65
鉛直下向き 15
エントロピー 68
エントロピー増大の法則 . . . 68
音 81
音の3要素 81
オームの法則 111, 131
音源 81
音波 81

か

開管 83
外積 12
回折 76
回折縞 93
回折格子 94
回折像 93
壊変 154
回路の共振 139
ガウスの法則 108
核子 153
重ね合わせの原理 108
加速度の大きさ 16
カチオン 99
可聴域 81
カロリー 55
干渉 92
慣性 29
慣性の法則 18, 29
慣性モーメント 46
慣性力 30
気化 58
気化熱 58
気体 57
気体定数 60
気柱 83
基底状態 149
基本振動 79
基本振動数 79
基本単位 2
逆位相 73
吸光光度法 96
吸光度分析法 96
吸収 96
吸収スペクトル 96

吸熱 61
凝固 57
凝固点 57
凝固熱 58
凝縮 58
凝縮熱 58
共振 84
共振回路 139
共振周波数 139
共鳴 84
キルヒホッフの法則 . . . 136
空気抵抗 32
屈折 74
屈折角 74
屈折の法則 74
屈折波 74
屈折率 74
組立単位 2
クーロン 100
クーロンの法則 103
クーロン力 100, 103
原子核 99
原子軌道 152
原子番号 153
原子量 153
顕熱 58
コイル 116
コイルのリアクタンス . . .138
（光学的に）疎 90
光学的に密 90
光子 142
格子定数 94
向心力 30
合成抵抗 132
合成波 77
剛体 22
光電効果 141
光電子 141
光波 87
交流 137
交流回路 135
交流起電力 121
交流電圧 121
国際単位系 2
誤差 9
固体 56
固有振動 79
固有振動数 79
コンデンサー 124
コンプトン散乱 144

さ

最大静止摩擦力	21
作用・反作用の法則	29, 34
残響	82
磁気	112
磁極	112
磁気量子数	153
磁気力	112
次元	4
次元 1	4
次元指数	4
仕事	37
仕事関数	142
仕事率	40
自己誘導	121
指数表示	5
磁束	112
磁束線	112
実効値	121
質点	22
質量数	153
質量分析装置	118
始点	12
磁場	113
自発変化	67
シャルルの法則	59
周期	70
重心	15
終端速度	33
終点	12
充電	126
自由電子	102
周波数	70
自由落下運動	32
重力	15
重力加速度	16
主量子	152
ジュール	37
ジュール熱	134
ジュールの第一法則	134
シュレディンガーの波動方程式	152
昇華	58
昇華熱	58
蒸発	58
蒸発熱	58
振動数	70
振幅	69
水銀柱ミリメートル	25
水素原子のスペクトル系列	148
垂直抗力	19
スカラー	1, 11
スネルの法則	74
スペクトル	95
正弦波	72
正弦波の式	73
静止摩擦係数	21
静止摩擦力	20
静水圧	27
静電エネルギー	110
正電荷	99
静電気力	100
静電場	106
静電誘導	100
絶縁体	102
絶対屈折率	89
絶対零度	60
線スペクトル	96, 147
潜熱	58
全反射	90
線膨張	58
線膨張係数	58
線膨張率	58
疎	90
相互誘導	121
相対屈折率	89
測定	2
束縛力	19
素電荷	100
疎密波	71
ソレノイド	116

た

帯電	99
帯電体	99
体膨張	58
体膨張係数	58
体膨張率	58
縦波	71
谷	69
単位ベクトル	12
単振動	73
弾性	17
弾性衝突	52
弾性定数	17
弾性力	17
断熱圧縮	64
断熱変化	63
断熱膨張	64
弾力	17
力の大きさ	15
力の作用点	15
力の向き	15
力のモーメント	22
中性	99
中性子	99
超音波	81
直流回路	135
直列接続	128, 132
定圧熱容量	65
定圧変化	65
定圧モル熱容量	66
定常状態	148
定常波	79
定積熱容量	61
定積変化	61
定積モル熱容量	62
ディメンション	4
定容熱容量	61
定容変化	61
定容モル熱容量	62
電圧	111
電圧計	134
電位	110, 111
電位差	111
電荷	99
電界	106
電荷線密度	109
電荷の保存則	100
電荷面密度	109
電気	100
電気回路	135
電気素量	100
電気抵抗	132
電気抵抗率	132
電気容量	126
電気量	100
電子	99, 146
電磁波	87, 123
電子ボルト	143
電磁誘導	120
点電荷	100
電場	106
電波	106
電離作用	154
電流	101
電流計	134
電流の強さ	101
電流の向き	101
電力	135
電力量	135
同位相	73
同位体	153
等温線	59
等温変化	64
等加速度運動	31

等速円運動 30	反射角 74, 89	方位量子数 152
導体 102	反射の法則 74	崩壊 154
導電率 132	反射波 74, 78	崩壊系列 154
ドップラー効果 85	半導体 102	崩壊法則 154
ド・ブロイ波 145	ビオ・サバールの法則 114	放射性同位体 154
トール 25	光 87	放射性物質 153
トルク 22	光の回折 93	放射能 154
	光の屈折 89	膨張率 58
な	光の増幅 98	放電 127
内積 12	光の反射の法則 89	補色 96
内部エネルギー 61	光の分散 95	保存力 42, 110
波 69	光ファイバー 91	ポテンシャルエネルギー . . . 41
波のエネルギー 76	非弾性衝突 52	ボルト 111
波の重ね合わせの原理 77	比熱 55	
波の干渉 77	比熱容量 55	**ま**
波の強さ 76	比誘電率 127	マイヤーの関係式 67
波の独立性 77	標準圧力 25	摩擦力 19, 20
入射角 74, 89	標準大気圧 25	マックスウェル方程式 123
入射波 74, 78	ファラド 126	右ねじの法則 116
ニュートン 16	不可逆変化 67	密 90
ニュートンリング 92	不確定性原理 152	密度 25
熱 52, 54	複色光 94	無次元 4
熱運動 54	節 79	モル熱容量 62
熱エネルギー 54	不確かさ 10	モル比熱 62
熱伝導 54	フックの法則 17	
熱の仕事当量 55	物質の三態 56	**や**
熱平衡 54	物質波 145	山 69
熱膨張 58	沸点 57	ヤングの実験 92
熱容量 55	沸騰点 57	融解 57
熱力学 54	物理学 1	融解点 57
熱力学第一法則 64	物理量 1	融解熱 58
熱力学第二法則 68	負電荷 99	有効桁数 10
熱量 55	プランク定数 141	有効数字 10
	プランクの量子仮説 140	融点 57
は	浮力 28	誘電体 127
媒質 69	フレミングの左手の法則 . . . 113	誘導起電力 120
白色光 94	分光器 96	誘導電流 120
波源 69	分光分析法 96	誘導放出 98
パスカル 24	閉管 83	陽イオン 99
波長 69	並列接続 128, 132	陽子 99
発音体 81	ヘクトパスカル 24	容量リアクタンス 127
発熱 61	ベクトル 1, 11	横波 71
波動 69	ベクトル量 15, 18	
波動関数 152	変圧器 122	**ら・わ**
波動方程式 123, 152	変位 13, 72	ラジオアイソトープ 154
ばね定数 17	偏光 88	落下運動 32
腹 79	ボーアの振動数条件 150	ランバート・ベールの法則 . . . 96
パルス波 69	ボーアの量子条件 148	乱反射 89
反響 81	ボーア半径 149	リアクタンス 138
半減期 154	ホイヘンスの原理 74	力学的エネルギー 47
反射 78	ボイル・シャルルの法則 . . . 60	力学的エネルギー保存の法則 47
反射音 81	ボイルの法則 59	力積 36

理想気体	59
理想気体の状態方程式	60
リバーブ	82
リフレクション	81
量子	140
量子化	146
量子数	148, 152
臨界角	90
励起	97
励起状態	150
レーザー光	97
連続スペクトル	96, 147
連続波	69
レンツの法則	120
ローレンツ力	113
ワット	40

編者紹介

小林　賢　医学博士
1980年　北里大学大学院衛生学研究科修了
現　在　日本薬科大学特任教授

金長　正彦　博士（理学）
1991年　早稲田大学大学院理工学研究科修了
現　在　防衛医科大学校講師

上田　晴久　薬学博士
1974年　星薬科大学大学院薬学研究科修了
元　　　日本薬科大学教授，星薬科大学名誉教授

著者紹介

安西　和紀　薬学博士
1977年　東京大学大学院薬学系研究科修了
元　　　日本薬科大学教授

五十鈴川　和人　博士（薬学）
2000年　名古屋市立大学大学院薬学研究科修了
現　在　横浜薬科大学教授

鈴木　幸男
1972年　埼玉大学理工学部卒業
元　　　日本薬科大学講師

八木　健一郎　博士（理学）
1999年　関西学院大学大学院理学研究科修了
現　在　横浜薬科大学教授

NDC 499　　175p　　26cm

わかりやすい薬学系の物理学入門

2015年 9月24日　第1刷発行
2024年10月18日　第9刷発行

編　者	小林　賢・金長正彦・上田晴久
著　者	安西和紀・五十鈴川和人・鈴木幸男・八木健一郎
発行者	森田浩章
発行所	株式会社講談社
	〒112-8001　東京都文京区音羽2-12-21
	販　売　(03) 5395-4415
	業　務　(03) 5395-3615
編　集	株式会社講談社サイエンティフィク
	代表　堀越俊一
	〒162-0825　東京都新宿区神楽坂2-14　ノービィビル
	編　集　(03) 3235-3701
本文データ制作, 印刷・製本	株式会社KPSプロダクツ

落丁本・乱丁本は，購入書店名を明記のうえ，講談社業務宛にお送りください．送料小社負担にてお取替えします．なお，この本の内容についてのお問い合わせは，講談社サイエンティフィク宛にお願いいたします．定価はカバーに表示してあります．

© Masaru Kobayashi, Masahiko Kanenaga and Haruhisa Ueda, 2015

本書のコピー，スキャン，デジタル化等の無断複製は著作権法上での例外を除き禁じられています．本書を代行業者等の第三者に依頼してスキャンやデジタル化することはたとえ個人や家庭内の利用でも著作権法違反です．

[JCOPY] 〈(社) 出版者著作権管理機構　委託出版物〉
複写される場合は，その都度事前に(社) 出版者著作権管理機構（電話 03-5244-5088, FAX 03-5244-5089, e-mail: info@jcopy.or.jp）の許諾をください．

Printed in Japan

ISBN978-4-06-156313-1